U0324554

中国名山风景研究

武当山的山水·植物·建筑

李 慧 王向荣 著

中国建筑工业出版社

序

我国是一个多山的国家，山岳资源极其丰富。这些山脉经历了多次地壳运动，形成如今华夏诸多的名山奇景。我们的祖先世世代代生活在这样的地理环境之中，对山脉具有特殊的感情。自禹封九山始，我国名山已有四千多年的历史，从原始时期名山被视作群山的代表以及神权的象征；到魏晋南北朝时期，名山成为文人墨客放怀抒情的对象；随着宗教的兴盛，名山也被广泛地利用；再到今日，名山成为公众游赏和科学研究的重要场所。名山是从诸多普通山脉中筛选出来的佼佼者，筛选的标准反映了人们的山水观以及当时的社会背景。在漫长的演进发展过程中，人们不断地开拓创新，在大小名山之中留下了丰富的文化遗迹，成为名山文化中重要的组成部分。因而名山不仅是自然的杰作，也是珍贵的民族文化遗产，是自然资源与人文景观的结合，更是华夏文明的载体。

提到中华文明，就不得不提中国本土宗教——道教。鲁迅先生说过："中国根柢全在道教。"道教思想与我国传统文化息息相关，其主张的"道法自然""天人合一"等哲学思想，体现了人与自然和谐共生的理念，对我国社会、文化和古典审美都产生了深厚的影响，而道教名山中更是蕴含了道教思想的精华。

武当山作为道教四大名山之一，被誉为"天下第一仙山"，是中国著名的山岳型风景名胜区。它的价值不仅体现在优越的自然山水条件，还体现在历史悠久的道教宫观建筑。武当之名最早可追溯至汉代，唐代时皇帝在此修建道场，宋代时道教宫观已遍布全山，元、明时期武当山发展至鼎盛局面。明成祖更是将皇室家庙敕建于此，武当山成为历史上唯一一个由皇家统一规划和修建的道教名山，整体规划布局反映出当时皇家正统思想，集中体现了元、明、清三代世俗和宗教建筑的艺术成就。历经朝代更迭的武当山，凝缩着中国道教的发展史，山中还保留了大量宫观建筑和摩崖石刻，相关文献典籍更是数不胜数、流传至今。可以说，武当山蕴含了自然之美、人文之美以及自然与人文结合之美。

有关名山的研究由来已久，中国古籍例如《山海经》和《水经注》等就有对我国早期的山川风貌较为系统而全面的记载。明代著名地理学家徐霞客则以山水游记的方式对中国的山水风景资源进行考察和记录，真实客观地评价和审视自然资源，编制的《徐霞客游记》时至今日仍具有重要研究参考价值。近现代国内外学者对于名山的研究，主要涉及名山的历史、文化、审美、现状保护以及利用等方面，还有许多关于名山的个案研究，不论从内容上还是深度上较以往均有所拓展，但从宏观视角探讨名山与周围环境关系的研究较少。

本研究从宏观、中观、微观三个尺度对武当山展开全面系统的分析。首先在宏观尺度上，结合中国传统风水学理论，印证了武当山在不同尺度下均符合我国先民所推崇的“山水定位”和“大地理观”，与周边山水可构成特有的轴线关系，它的风水格局也满足了封建社会“皇权至上”的版图规划需求；并结合当时的社会背景，从学科视角分析了武当山优越的战略选址和发展条件。其次在中观尺度上，研究了武当山“天路历程”规划思想的由来；利用GIS分析宫观与地理环境之间的关系，揭示了古人如何按照宗教立意规划景观布局，因山就势布设建筑，规划植物，使山水、植物、建筑三者之间形成互动，情景交融，从而阐释“玄武信仰”叙事主题。最后从微观尺度，以单个宫观建筑为样本单元，对其山水格局、植物景观营造、建筑空间布局逐一进行分析，最终总结提炼出武当山宫观建筑典型的空间与类型。本研究通过整理总结历史文献、实地采集数据，利用GIS和SPSS等软件，率先对武当山宫观及周边园林环境进行定性和定量研究，为今后其他学者对各类名山开展更加广泛而深入的研究提供了一定的参考价值。

随着商业浪潮的冲击和市场经济的发展，传统名山资源保护和开发利用显得尤为重要，相关研究的需求也日益急迫，望能借助此书，在我国名山相关理论研究和保护利用实践上起到抛砖引玉的作用，引发各行各界、不同视角下的人们对我国悠久的名山文化进行共同的探讨与思考，探索新时代下名山风景区开发建设的途径和方法，为我国遗产保护、传播以及历史文化的发掘、传承贡献一份力量。

2019年7月

前言

中国是世界上最早把山岳作为风景资源来开发的国家，中国古人将山岳视为国土空间的代表和定位依据，对于地理空间的认知与理解影响了中国古人的山水开发和建设活动。

“山水”“植物”“建筑”，是中国名山风景中最重要的构成要素。山水环境被视为人工建造的基础，古人将规划的中心放在了寻找人工与自然的关系上，对山水的寻察、审度甚至超过了人工建设。在名山风景营建时，古人还赋予了自然“通情达理”的文化属性，而“山水·植物·建筑”的相融相生正是人们表达情感、传递思想的语言。可以说，中国名山风景凝聚着古人发现自然、认识自然、与自然和谐共生的智慧。

本书借由对武当山“山水·植物·建筑”的研究，提出对中国名山风景的研究框架。在系统分析地理区位、自然条件、形成发展的基础上，明确“山水”“植物”“建筑”为武当山风景研究的主要内容，并力图从“宏观布局—中观选址—微观组织”的多层次视角分析“山水”“植物”“建筑”要素之间的互动关系，通过宏观语境、中观构成、微观组织的多尺度、综合性的研究来组织这本书，建立一种从宏观到微观的秩序性关联，希望能够使中国名山风景的研究更加清晰明了。

本书具体研究结构如下：

第1章，绪论。主要阐述了中国名山风景研究的价值和进展，明确本书的研究背景、研究目的和研究意义。

第2章和第3章为武当山风景营建的宏观语境，属于背景研究。第2章为自然地理条件，分析了武当山国土和区域尺度上的地理区位，梳理了其地质地貌、水文、气候、土壤、植被等五方面地理条件。第3章为人文历史条件，在概述中国名山和中国道教名山的基础上，分析了武当道教的渊源与发展，梳理了武当山景观格局的发展脉络，并结合当时的社会经济、自然地理、宗教和政治情况对武当山景观格局的变化特征进行阐释，以探明武当山景观格局的变迁过程及其驱动力。

第4章～第9章为武当山风景的系统研究。在研究内容上包括“山水”“植物”“建筑”三个方面，在研究层次上包括宏观布局、中观选址、微观组织三个层次，并着力分析各个层次上“山水”“植物”“建筑”的互动关系。这部分是本书的核心。

宏观层面（全山自然基础与宫观布局层面）：第4章是基础，从宏观层面上整理武当山风景体系的主要内容，即“山水”“植物”“建筑”；第5章是总结，对武当山天路历程的总体规划模式进行了全面的阐述，在理解天路历程思想根源的基础上，归纳出武当山将自然山水人文化的布局模式。

中观层面（典型宫观选址与环境关系层面）：第6章衔接宏观层面的研究，运用GIS、SPSS等软件，分析宫观的分布与高程、坡度、河流距离、植被及金顶视域等自然因素的关系，探明建筑与自然环境的关系，为山地建筑选址提供借鉴；第7章选择武当山宫观中最具代表性、保存最完整、人文景观与自然景观结合最好的5个样本，从中观层面上进行分析，建立其山水环境、植被情况和建筑选址之间的联系，为微观研究做准备。

微观层面（引导空间与内部空间构成层面）：第8章从引导空间的功能、提示语言、组织形式等三个方面进行归纳和分析，总结引导空间的形式规律和组织特征；第9章分析了武当山的院落空间。院落空间在平面布局上分为生活区、修炼区、祭祀区三个区域，而地位最重要、保存最完整的祭祀区又可分为过渡空间、核心空间和后续空间，通过轴线与山体的关系、院落布局等方面分析武当山宫观院落空间的艺术特征，再根据实测图纸分析祭祀区院落的空间构成与空间形态，进而总结出武当山宫观的院落空间特征。

本书以武当山的山水、植物、建筑为研究对象，分别对其进行系统梳理。按照从宏观到微观的研究思路逐层展开，通过从宏观到微观，从外部到内部的系统研究，以期归纳出武当山道教宫观布局、选址和空间组织等各方面的规律和特征，为名山风景保护以及山地景观营建提供更多的理论基础和空间原型。

李慧

2019年5月

目录

第1章

绪论——中国名山风景的研究价值与进展

1.1 中国名山风景的价值

1.1.1 每一座名山都是自然的产物

中国是一个多山国家，山地和丘陵约占国土面积的2/3。相应地，山岳资源也极其丰富，拥有高山、中山、低山和各种山景类型的风景资源。在14类风景名胜区中[1]，山岳类风景名胜区的数量最多，成为风景名胜区中最重要的一个类型。

名山是一种特殊的地理实体，它包含于山岳之中，又并非完全被山岳所包容[2]。每一座名山都有其成名的原因，或被名人攀登赞颂过，或拥有着离奇的传说，或分布着独特的物产……但无论如何，每一座名山的形成都是按照自然的节律，由地质演变、地貌发育、地理变化而逐渐形成或雄伟，或奇特，或险峻，或秀丽，或幽深，或旷野的富有自然美的空间综合体。

相比城市景观，名山中的自然区域占有绝大多数的面积，人工开发只是其中有限的点和线。自然条件是名山形成的基础，名山不仅拥有优美的风景，也饱含了地球发展、地质变迁的过程，在自然地理领域中受到科学家们的高度重视。在漫长的演化过程中，地球受到各种内、外力地质作用，形成了山岳。这些地质过程，有些保留下来形成独特的地质景观，有些没有保留下来，但是仍然是山岳景观形成的基础。今天，我们在很多名山中还能够看到珍贵的地质遗迹。比如，河南嵩山保存有完整的华北地台地层剖面；江西庐山呈现断块山体，能够清晰地看见江南古老地层剖面和第四纪冰山遗迹；安徽黄山是花岗岩峰丛地貌；浙江雁荡山为火山地质遗迹；河南西峡伏牛山是恐龙蛋集中产地；桂林山水是典型的亚热带岩溶地貌；武夷山、龙虎山、齐云山等属于丹霞地貌；云南石林属于南方喀斯特地貌。

中国是世界上最早把山岳作为风景资源来开发的国家，也是最早把山岳风景作为游览对象的国家。独特的地形地貌使其区别于周围环境，山岳中的山石、水系、植物、动物都是人们欣赏的对象。比如，黄山“无峰不石，无石不松，无松不奇”，以奇松、怪石、云海、温泉、冬雪五绝著称于世，二湖、三瀑、十六泉、二十四溪相映争辉；庐山以其秀美的风光和深厚的人文沉积著称于世；雁荡山以奇峰怪石、古洞石室、飞瀑流泉称胜；峨眉山气候多样、生物种类丰富、特有物种繁多，并以猴群众多为一大特色。

1.1.2 每一座名山都是历史的积淀

中国的名山历史久远，很多都有一段古老的开发历史。有关山岳的传说最早可以追溯至上古时期盘古开天地的神话。大禹为了治理前后二十多年的洪

1 风景名胜区可以分为历史圣地类、山岳类、岩洞类、江河类、湖泊类、海滨海岛类、特殊地貌类、城市风景类、生物景观类、壁画石窟类、纪念地类、陵寝类、民俗风情类、其他类14个类型。《风景名胜区分类标准》CJJT121—2008。

2 卢云亭．论名山的特性、类别和旅游功能［J］．资源导刊，2009（06）：41-43.

水，打通所有阻碍洪水流入大海的高山大川，如果从那时算起，我国对山岳的开发已经有四千多年的历史了。据记载，泰山、嵩山、恒山、五台山等在秦汉以前就已经开发，一般名山的开发也有一两千年历史。

中国的名山起源于山岳崇拜，山岳是地面的高处，也是距离天空最近的地方，山可以通天，天为万物之祖，先民对天、地的崇拜是中国传统名山营建的基础。早期社会生产力水平低下，人们对自然认知有限，因而将大自然视为异己的神秘力量，尤其对形体高大、形象各异、气象复杂的山岳非常敬畏。他们视山岳为通往天上的道路，将山神作为祈求风调雨顺的对象，并对山岳施行制度化的祭祀活动。周代时出现了天子最高规格的祭祀活动；秦始皇时期出现了有史记载的封禅活动；汉代时封禅泰山、祭祀五岳活动最为频繁；魏晋南北朝时期随着佛教、道教的兴盛，山岳中建置了大量的佛寺、道观，名山成为宗教活动的圣地；唐宋时期，随着朝廷对山岳的册封，五岳的地位有了较大提升；明清时期，虽未有封禅大礼，但仍然延续了祭祀和一般的观光游览。

所以说，名山风景的历史，既是人们对山岳认识程度逐渐深刻、利用水平逐渐提高的历史，也是山岳文化逐渐丰富、充实、演变的历史。这些名山的发展伴随着佛、道宗教中国封建社会的漫长发展历史，有时甚至反映了中国封建王朝的形成、发展、兴盛乃至衰亡的全过程。

1.1.3 每一座名山都是文化的载体

早期世界各地都有崇拜自然的倾向，河湖纵横的黄河流域和连绵山脉的中原孕育了我国历史悠久的汉民族，在这里繁衍生息的先民们对雄伟峻拔的山脉有着深厚的感情，这不仅体现在汉语中包含山的单字和词语众多，也反映在中国的山水文化中。在我国先民的心中，山岳既是赖以生存的自然资源，又是充满神秘色彩的神灵的化身。早在上古，便流传着山岳是人类始祖盘古氏的躯体化生的神话。《山海经》的《五藏山经》中，更是记载着各山的水土、神祇、矿产、草木、虫兽、灵异、山神特征及祭祀礼仪。

“天下名山僧占多”，中国大多数的名山都有着深厚的宗教背景，其中佛教和道教最为重要，很多名山至今仍是全国或者地方性的佛、道教活动中心。佛教、道教均主张超脱世俗的避世清修，因此二者都选择自然环境秀美的山岳作为宗教基地。在中国名山中有很多佛、道共存的现象，例如五岳之一的南岳衡山，形如展翅欲飞的大鸟，姿态雄伟，既是佛教名山，也是道教名山，在东西两路分别建有八所道观和八所佛寺，形成寺观合一、佛道共生的别致格局。

宗教名山不仅在选址上有所要求，在设计上也是十分考究。佛、道对于名山的开发也体现了古人利用自然、顺应自然规律的智慧。寺观与自然环境融合协调，将风景建设与宗教建设相结合，既满足宗教活动的功能需要，也满足人们的观赏需求。这些风景式建筑不仅烘托了宗教氛围，也起到了点缀名山的作用。除了文人名流求仙问禅、访僧悟道，借住寺观修身养性外，普通老百姓也会在农忙之余、节庆之时，上山进香。

山水风景陶冶了人们的性情，千百年来文人墨客广游名山大川，以游山玩水来畅情抒怀，许多山水风景因此而得名于世。他们写下大量的诗、词、散文、游记，形成独树一帜的山水文学，进而衍生出了游仙诗和步虚词，对中国的文学创作产生了广泛、深刻的影响。山水画自六朝起开始萌芽，对自然美的认识成了主流，随之而来的以游赏为目的的名山开发也越来越广泛。山水诗、山水画、山水风景的开发彼此促进、相互启迪，这也决定了中国诗文、绘画与园林的密切关系。

1.2 中国名山风景的研究进展

中国名山，是山地中一种独特的地理实体，有一定范围，也有决定其成名的丰富内涵。名山成名可能是因为其巍峨壮阔、气象万千，也可能是因为景色秀丽、千姿百态，还可能因为它是宗教中心或者有着丰富的历史内涵。名山的含义是随着时代发展而变化的，不同时代的政治、经济、科学、文化发展水平不同，影响着人们对于名山的探索和认识程度，再加上宗教的传播和引入，以及地方风土人情等，中国人对名山的认识就更加多样了。

中国早期古籍如《山海经》《禹贡》《管子》等都有对名山的描述和介绍，关于名山数量，不同年代的记述不尽相同。先秦的《管子》云："天下名山五千七百七十"；明代何滨岩、王凤洲汇《名山记》四十六卷；清代吴在湄和汪西亭著《天下名山记钞》，计"名山三百，支山三千"；20世纪80年代所编的《中国大山名山主峰图》，收录中国名山779座；截至2017年9月，在国务院先后发布的九批国家级风景名胜区中，山岳型共有244处中的109处。然而，最著名的中国名山要数"三山""五岳""道教四大名山""佛教四大名山"以及"中国第一仙山"。

1.2.1 古代中国名山风景的研究

中华民族积极向上的古代神话传说、启迪智慧的通灵思想、朴素唯物论思想、整体认知世界的认识论和方法论、追求自由自我自在的人生社会理念等，都是名山风景体系诞生的早期营养。

东方文化源于昆仑神话，昆仑神话描述了宇宙的形成，记载了人类从产生到发展的重要历程。昆仑山是古代汉民族心目中最为庄严神圣的山，是百神所

1 Thomas H.Hahn.The Standard Taoist Mountain and Related Features of Religious Geography [J]. CEA4,1988.

2（法）索安．西方道教研究编年史［M］．吕志鹏，陈平等译．北京：中华书局，2002：38.

在的地方，很多古代的神话，如夸父逐日、西王母与三青鸟等故事，都起源于昆仑山。汉·刘安《淮南子·地形训》:“昆仑之丘，或上倍之，是谓凉风之山，登之而不死；或上倍之，是谓悬圃，登之乃灵，能使风雨；或上倍之，乃维上天，登之乃神，是谓太帝之居。”可见，昆仑是登天之神山，其上为天帝所在。“阊阖-昆仑-天门-天帝”的模式是先民对于仙山昆仑的理解。

大禹治水，定九山、划九州，勘察定位了天下的高山，并记录了各高山的人文、矿产及动植物情况，终而绘出山海图及天下国图，为《山海经》这部伟大著作的产生奠定了基础。《山海经》记录了先民的地理知识、山川典故，是一部早期记录中国山川地理的价值极高的百科全书。北魏晚期郦道元所著的《水经注》，内容丰富，是中国古代最全面、最系统的综合性地理著作，也是对北魏以前古代历史的总结。

山水游记是另一类研究古代山岳的重要依据。晋宋地记是中国古代山水游记的起源，唐代中期形成抒情议论和考察纪实两种类型。以柳宗元为代表的唐宋文人游记属于抒情议论类，以《徐霞客游记》为代表的游记属于考察纪实类。在山岳研究方面，考察纪实类较为重要。徐霞客对中国山水风景资源的记录和整理，至今仍对中国山水风景研究有着重要的影响。

徐霞客是一位有极高审美素养的地理学家、旅行家和文学家，在1607～1641年，走遍中国山川河流，记录途中的见闻体会。在考察中从科学的角度审视“山脉如何来去，水脉如何分合，既得大势，然后一丘一壑支搜节讨”，以真实客观的语言，概括山水风景特征。在游记中，从科学和美学的角度欣赏自然，发现了大量高品质的风景资源，并作了客观准确的评价；并将名山中自然景观和人文景观的关系总结为“点缀得宜，不掩其盛”，高度概括了“天人合一”“道法自然”的哲学思想在中国名山中的体现。

1.2.2 近现代中国名山风景的研究

西方学者从20世纪以来不断关注中国的名山，他们从宗教、社会、文学、艺术等多个角度考察中国名山。其中，对于中国名山的研究既有宏观研究，也有个案研究。宏观研究方面中西方学者更加关注道教名山，比较有影响力的是法国汉学家沙畹（Chavannes）对于道教洞天福地的研究和康奈尔大学的韩涛（Thomas Hahn）对于道教名山宗教地理特征的研究[1]。个案研究中泰山受到了极高的重视，沙畹在1910年就对泰山展开了全面的研究，之后戴密微（Paul Demiéville）、杜德桥（Glen Dudbridge）和吴佩宜等分别对景观单元[2]、17世纪的朝山进香活动等开展了研究。此外，西方学者对中国古代朝山进香的社会现象持有浓厚的兴趣，既有从宏观上对中国朝圣和朝圣地的研究，也有从个案上对五台山、普陀山、武当山、妙峰山的研究。

我国学者对于名山风景的研究更为系统，分别从旅游、地理、建筑、宗教、风景园林等多学科展开。周维权和谢凝高是早期从风景园林视角对中国名山进行研究的学者。在《中国名山风景区》一书中，提出名山风景是历经千百年筛选、淘汰而留存下来的，结合山岳崇拜、山水审美观念、宗教兴衰等因素，概括了中国名山风景发展的历史[1]。在《"名山风景区"再议》中认为风景名胜区应该从寺观建筑、步行道路、石景加工、整体布局四个方面展开研究，其中建筑和道路最为重要[2]。谢凝高将名山分为花岗岩名山、岩溶名山、具有丹霞地貌特征的名山、以其他自然要素为主要成因的名山和历史文化名山[3]，并从山水的形象、色彩、动态、听觉、嗅觉、味觉、触觉等方面来研讨山水风景的审美要素[4]，并提出"悦形""逸情"和"畅神"三个审美层次。此外，他还提出要以"人文构景"为风景名胜区的发展动力[5]，营建与欣赏相辅相成才是名山风景区的精神内涵所在。

之后刘滨谊、沈国强等学者对名山审美和评价进行了研究，刘滨谊提出了主观与客观相结合的评价方法，并建立了风景旷奥评价模型[6]；沈国强从空间尺度上提出中国风景营造的方法，在总体布局时采用"以大观小"的视角进行选址，在人工空间营造时，采用"以小观大"的方法使得局部与自然山水相统一[7]。

近年来，对中国名山风景的研究无论从内容上还是深度上都有了一定的拓展，有针对名山风景区保护和利用的研究，也有风景区规划和管理等方面的研究。风景园林学科中，近年来大量的硕博论文集中于对名山的个案研究，内容包含营造历史、景观序列、景观理法、空间组织等，研究对象几乎涵盖了大部分山岳型风景名胜区，并以五岳、佛教四大名山、道教四大名山最为集中。然而，大部分研究集中在名山尺度以及景观单元尺度，从宏观视角探讨名山与周围环境关系的研究相对较少，但是研究内容逐步完善、深度逐步拓展、思路逐步清晰。

1.2.3 佛、道名山风景的研究

佛教和道教是中国风景社会的主要宗教信仰，出于宗教教义和宗教活动的需要，僧、道多选择景色优美、远离尘世的山岳环境进行清修，久而久之便成了山岳的主要开发者、建设者和管理者。中国的许多名山存在佛、道共生的现象，佛、道势力受政治势力和社会干预的影响此消彼长、不断变化，其中有些最终被一个宗教或者一个教派主要占据，进而形成道教名山或佛教名山。《中国宗教名胜》中收录了300余处现存的宗教名胜，其中佛教名山200余处，道教名山100余处[8]。在佛、道名山中最具代表性的就是佛教四大名山和道教四大名山。

1 周维权. 中国名山风景区［M］. 北京：清华大学出版社，1996：7-68.
2 周维权. "名山风景区"再议［J］. 中国园林，1985（02）：17-18.
3 谢凝高. 中国的名山［M］. 上海：上海教育出版社1987.
4 谢凝高. 山水审美人与自然的交响曲［M］. 北京：北京大学出版社，1991
5 谢凝高. 名山 风景 遗产：谢凝高文集［M］. 北京：中华书局，2010.
6 刘滨谊. 风景旷奥度——电子计算机、航测辅助风景规划设计［J］. 新建筑，1988（03）53-63.
7 沈国强. 中国风景空间的审美、个性及其利用［J］. 北京建筑工程学院学报，1989（02）33-43.
8 任宝根，杨光文. 中国宗教名胜［M］. 成都：四川人民出版社，1989.
9 周维权. 名山风景区它的历史、文化内涵与寺观建筑［J］. 建筑史，2006.
10 梁思成. 中国的佛教建筑——梁思成作品集［M］. 北京：中国建筑工业出版社，2007.
11 刘敦桢. 佛教对于中国建筑之影响——刘敦桢全集［M］. 北京：中国建筑工业出版社，2007.
12 郭黛姮. 中国古代建筑史·第三卷［M］. 北京：中国建筑工业出版社，2003.
13 张发懋. 世界文化遗产：武当山古建筑群——湖北建筑集萃［M］. 北京：中国建筑工业出版社，2005.
14 王贵祥. 中国汉传佛教建筑史［M］. 北京：清华大学出版社，2016.
15 陈从周. 僧寺无尘意自清——漫谈佛寺建筑文化的作用［J］. 法音，1991（02）20-21.
16 孟兆祯. 京西园林寺庙浅谈［J］. 城市规划，1982（06）：52-56.
17 邓其生. 我国寺庙园林与风景园林的发展［J］. 广东园林，1983（02）1-5.
18 周维权. 中国古典园林史［M］. 北京：清华大学出版社，2010.
19 赵光辉. 中国寺庙的园林环境［M］. 北京：北京旅游出版社，1987.
20 金荷仙，华海镜. 寺庙园林植物造景特色［J］. 中国园林，2004，20（12）53-59.
21 仇莉，王丹丹. 中国佛教寺庙园林植物景观特色［J］. 北京林业大学学报（社会科学版），2010（01）76-81.
22 李运远. 中国寺庙园林植物景观初探［J］. 山东林业科技，2009（02）118-119；105.

佛教四大名山即五台山、峨眉山、普陀山、九华山。在众多的佛教名山之中，它们的香火最盛、知名度最高，是佛教名山之首。从东汉明帝永平年间起，五台山就开始兴建佛寺，成为我国最早的佛教名山。此后，峨眉山、九华山、普陀山相继崛起，形成举世闻名的四大佛教名山。四山的佛教活动，唐宋开始兴旺，到明清而臻于极盛。明清时期在四大菩萨信仰基础上形成了四大名山信仰，形成了五台山文殊菩萨道场、普陀山观音菩萨道场、峨眉山普贤菩萨道场、九华山地藏菩萨道场四大佛教名山体系。这些佛教名山不仅映照着佛教在中国的发展历史，而且汇聚了中国历代能工巧匠、文人墨客、高僧大德的文物杰作和经营遗迹，是当代中国的文物宝山，引起人们的追念和探索。从社会影响来看，四大名山是宋代以后尤其是明清以来佛教深入民间社会的重要载体，是明清以后佛教中国化的典型代表。

道教四大名山分别为武当山、武夷山、青城山和齐云山。周维权先生认为道教名山风景的总体布局相比佛教名山更为严谨和有序[9]。它以羽化飞升、得道成仙为理想，将风景优美的山岳看作集天地灵气、修身养性的最佳修炼场所和养生之地，在名山中建置了大量的道观。随着道教在中国的发展与演变，形成了中国独特的道教名山体系。洞天福地构成道教仙境的主体部分，包括十大洞天、三十六小洞天和七十二福地。道教的洞天福地遍布全国各地，对道教的广泛传播具有重要意义。

对于佛道名山风景的研究主要集中于建筑学和风景园林学。梁思成[10]、刘敦桢[11]、郭黛姮[12]、张发懋[13]、王贵祥[14]等建筑学家对中国寺观建筑进行了详细的测绘、分析和研究，总结了中国寺观建筑的历史发展、建筑特征、建筑空间、建造技术以及历史文化价值。与此同时，陈从周[15]、孟兆祯[16]、邓其生[17]、周维权[18]、赵光辉[19]等园林学家分别从园林选址、布局特点、发展历程、环境空间等方面展开研究，明确了寺庙园林是中国园林的一个重要类别，总结了寺庙园林的内容和景观特点。金荷仙[20]、仇莉[21]、李运远[22]等人对寺庙植物景观展开专项研究，总结了中国寺庙园林常用植物和造景手法。

此处只是列举了一些对本研究有启发的论著，国内外相关的研究还有很多，不再赘述。

1.3 为什么研究中国名山风景

1.3.1 为什么从地域角度研究名山风景？

研今必习古，只有清楚认识根植于民族自身的优秀传统，才能走出属于中国自己的现代园林之路。从20世纪初开始的中国传统园林历史研究，已经基本构架出了其在历史、文化等方面的宏观体系，使人们对于中国传统园林有了全面的认识，并为今天的研究和实践打下基础。然而，时至今日，学者们对传统园林的研究更加深入，逐渐开展了对地方性、专题性和典型案例的研究。同时，在研究时更加注重综合、跨学科的探讨，尤其是与社会、文化、历史、经济等诸多方面因素的结合。一些学者抛开了以全国为范围的宏大叙事，转为开始关注具有地理相似性的特定的区域，提出了在共性之外，更应该关注典型性、多样性和变化性。因为正是这种变化才赋予了不同地域的文化特色，也使得各地风景更加丰富多彩。同时，景观也并非处于静态和恒定不变之中，而是具有动态变化，所以，从动态变化的视角看待地域性景观也是当今研究的主要方法。

地域性是特定区域土地上自然和文化的特征。它包括在这块土地上天然的、由自然成因构成的景观，也包括由于人类生产、生活对自然改造形成的大地景观，这些景观不仅是历史上园林风格形成的重要因素，也是当今风景园林规划与设计的重要依据和形式来源。近年来各地学者都十分关注对地域性景观的研究，地方性园林研究已成为学术界的重要研究方向，并在21世纪以来取得了一定的成果，其中包括：清华大学贾珺教授的专著《北京私家园林志》[1]，华南理工大学的博士论文《岭南古典园林风格研究》[2]，同济大学的博士论文《扬州园林变迁研究》[3]《上海传统园林研究》[4]，东南大学的博士论文《明代江南园林研究——园林观念与造园实践》[5]和北京林业大学的博士论文《明清江南宅园兴造艺术研究》[6]等，他们分别选择北京、岭南、扬州、上海等不同地域，对不同类型园林的造园艺术进行了深入探讨，并将对各地区、各类型园林的认识提升到了新的高度。

1.3.2 为什么研究道教名山?

鲁迅先生说过："中国根柢全在道教。"中国古典园林的思想和审美法则来源于哲学思想和宗教思想，中国哲学思想的主要流派是儒家、道家和禅宗思想。虽然儒家思想在政治和社会伦理上的影响远大于道家，但是它在艺术审美上的影响却不如道家。同时，作为佛教另支的禅宗，在艺术上也只是起到补充道家思想地位的作用。道家思想中蕴含了丰富的造园智慧，如"道法自然""天人合一""无为"，以及"贵柔""尚曲"等思想。因此，中国园林艺术的根本审美法则主要源于道家。

中国古代哲学思想家老子说："人法地、地法天、天法道、道法自然。""道法自然"是道家哲学思想的核心，阐释了整个宇宙的运行法则，体现出人们对自然界的一种深刻的敬仰，是中国古代人与环境共生关系的准确表述。同时，"道法自然"在明代计成的《园冶》中表述为"虽由人作，宛自天

1 贾珺. 北京私家园林志［M］. 北京：清华大学出版社，2009.
2 梁明捷. 岭南古典园林风格研究［D］. 广州：华南理工大学，2012.
3 都铭. 扬州园林变迁研究［D］. 上海：同济大学，2010.
4 朱宇辉. 上海传统园林研究［D］. 上海：同济大学，2003.
5 顾凯. 明代江南园林研究——园林观念与造园实践［D］. 南京：东南大学，2008.
6 阴帅可. 明清江南宅园兴造艺术研究［D］. 北京：北京林业大学，2011.

开”，所以“道法自然”还是中国古典园林设计回归自然、以人为本的思想来源。此外，国外的园林同样也表现出了对道家思想的遵循。日本园林的枯山水，追求天人合一的意境表现；英国的自然风景园不同于欧洲古典园林对植物的修剪，强调自然形态之美。道教园林是受道家思想影响最直接的园林形式，多选址在山林之中，对于道教园林的研究有利于更深刻地理解道家思想对中国园林的影响。

1.3.3 为什么研究武当山?

武当山是中国著名的风景名胜地、道教圣地，同时也是世界文化遗产地。作为中国著名的山岳型风景旅游胜地，不仅拥有奇特绚丽的自然景观，而且拥有丰富多彩的人文景观。武当山无与伦比的美，是自然美与人文美高度统一的结果，被誉为“亘古无双胜境，天下第一仙山”。联合国赴武当山考察组官员考斯拉称赞：“武当山自然是世界上最美的地方之一。因为这里融会了古代的智慧、历史的建筑和自然的美景。”

一是武当山宫观历史悠久。武当之名最早见于汉代。武当山道教园林的营建活动历史悠久，是中国古典园林发展的一个缩影。始自唐朝，历经宋、元、明、清，武当山道教园林的积淀深厚。而且武当山距离历朝政治中心都很远，只是一个宗教圣地，所以虽经历五朝兴替，园林景观却能一脉相传，即使难免新旧更迭，也多属自然演变，因此武当山园林发展的持续性和稳定性远远优于各朝的帝都，自然形成一座园林文化的宝库。系统探求武当山地区造园历史、形成原因以及建造思想，为我们更全面地了解中国古典园林史提供新的视角。

二是武当山作为道教圣地，浓缩了道教发展史。道教以宗教形式出现的起源地东汉汉中郡与武当山较近，且虽然中国古人本有穴居习惯，但武当山的深山岩穴显然不宜农民居住，而是神仙居所，所以武当山作为道教圣地远早于唐朝皇帝在武当修建道场。武当山之存在早于人类之存在何止亿万年，对人类的作用，当然更原始、更先天，武当山孕育了道教、造就了道教，作为道教圣地，浓缩了道教的发展史。

三是武当山宫观地位重要。历史上，武当山是明代皇室家庙，明成祖“南修武当，北建故宫”，并且修建武当山花费的时间三倍于故宫，最终，将武当山修建成为名副其实的天上宫阙。武当山作为皇帝家庙其宏伟的规模、巧妙的布局、精湛的建造技艺，不仅达到了皇家所需要的宏伟、壮丽、威严和凝重，同时也满足了道家所追求的玄妙超然的艺术境界。武当山宫观具有皇家园林的风格，体现当时皇室的主流和正统思想，在历史上，尤其是明清两代受到更多的关注，各种形式的文献典籍众多，资料丰富，除历代正史外，还有地方志山志八本，碑刻石记、游记笔记、诗词等不计其数，这些资料可以互相印证，对研究有极高的价值。武当山道教宫观的建设具有同时期、同类型的特点，又是由皇帝统一建设的，比起私家园林，在建造风格和技法上更有高度的一致性，便于研究。

四是武当山风景研究存在大量空白。武当山作为世界文化遗产携带了千年的历史信息，对于它的考古发掘、文化保护、复原和重建已逐渐受到学者的重视。近年来中外诸多建筑界、园林界以及史学界的专家学者关注并开始对武当山进行深入细致的研究分析工作。但总的来说，人们对于武当山道教园林的研究工作还处于较零散的状态，较多的只是停留在对建筑结构与构造的测绘、分析方面，全面系统的风景园林研究工作还较缺乏，比起北京园林、江南园林的研究较薄弱。如此众多的文化遗产，历经上千年的风雨剥蚀，留存至今，确属弥足珍贵，在我国乃至世界历史上都占有重要地位。因此，开展武当山风景园林研究对于遗产的保护、传播及历史文化的发掘、传承都有着重要而深远的意义。

1.3.4 武当山风景体系研究的现实意义

武当山的道教宫观是人类在原始山林中经过千年的历史发展沉淀而形成的。武当山峰峦起伏、风景如画（图1-1），道教文化源远流长，在长期的发展过程中留下了大量的景观遗存。武当山古建筑群集中体现了中国封建社会元、明、清三代世俗及宗教的建筑学和艺术成就[1]。同时，它将独特的构思、巧妙的布局和精湛的艺术融于青山绿水之中，构成了一道优美而神秘的宗教历史文化风景线。通过对武当山风景区景观分布模式、宫观与环境的关系及宫观院落空间进行量化研究，为武当山及名山风景的保护及规划设计提供依据。

而武当山作为典型的名山风景区是根植于中国山水文化之中的文化景观，对武当山文化景观的解读和研究将有利于更深入而全面地认知中国名山自然与文化的内在联系。武当山，常常是以园林化的宫观建筑与自然环境相结合。通过与自然山体的结合，营造出生动丰富的宫观环境。而在今天的山地寺庙环境营造时，如何尊重地形地貌的特点，妥善而巧妙地处理这些矛盾，依然是重要的研究内容和难点。因此，武当山道教宫观环境的探讨，对我们今天的园林规划设计和山地风景开发无疑是有借鉴意义的。

此外，中国是一个多山地国家，且山区较为落后，缺乏山地人居环境建设的理论支持。而当代的园林建设多以学习西方的造园思想为主，缺乏对本国园林传统的传承。探究武当山园林造园智慧，不仅能继承我国的造园传统，更能为当代山地人居环境建设提供依据。

中国园林中，“造园”又称“构园”。“构”即“构思”，有了巧妙的立意也就有了境界，再进行具体的设计才会得心应手。任何一个成功的立意都不是凭空捏造出来的，与建设时代的历史背景、文化氛围密不可分。武当山风景营造

1 http://whc.unesco.org/en/documents/125646。

图1-1　从武当山金顶太和殿南广场眺望丹江口水库（图片来源：网络）

是建设者对大自然山水风景之美的深刻领悟和一往情深热爱的结果。武当山宫观充分体现了“巧于因借”，即因地制宜和借景。因地制宜主要体现在构筑物的布局上，无论建筑群还是单体游赏建筑，都与地形巧妙结合。其次，在游览线路和观景点上，充分利用山水环境将游览线分为水线和陆线。借景是园林设计中最为重要的因素，因为任何场地都不是孤立的存在，都与其周围事物发生着关系。武当山道教宫观整体上气势恢宏，至金顶绵延70km，宫观构筑依山就势，或立于峰峦之巅，或悬于峭崖之壁，或隐于深壑之中，浑然天成。对景、对比、虚实、深浅、幽远、藏露……以及动静的对比处理，都可谓是有法而无式。武当山玄妙、空灵的造园手法，值得现代风景园林设计师学习。

第2章

地理与条件——武当山风景营建的自然地理

2.1 地理区位

2.1.1 国土尺度上的地理区位

（1）中国古人的“山水定位”与“大地理观”

中国古人将山岳视为土地空间的代表和定位依据，早在上古时期就高度概括了国土空间，厘清了宏观视野下的山水格局，定位了天下高山。《山海经·山经》中，以五方山川为纲，把中国山地划分为26个山系[1]，系统记述了全国范围的上古地理。大禹治水根据地貌山势划定九州，查勘地形、疏通水路、理通水脉，再寻查问题根源，使得洪水得以疏导。这种方法来源于对地理空间的宏观认识，将国土当作一个整体来治理。先秦时期，皇帝的封禅活动确立了以五岳为首的全国名山的崇高地位。五岳是先秦时期形成的一套名山系统，代表华夏，象征一统的神圣地理框架，并且在崇高性和稳定性上，超越了封建王朝建立的任何其他区位概念。

中国古代先民对于地理空间的认知与理解影响了中国古人的山水开发和建设活动。古人将山水环境视为城市营建的基础，从更大的视角、更广的范围考虑城市与自然山水的关系，通过视觉和心理通感确立方位感和空间归属感。城市营建的核心在于寻求城市与山水的呼应关系，在都城建设时，出于对皇权和礼制的考虑，古人更是以大范围的区域环境为基础，构建城市与区域山水之间的轴线关系。

（2）东方文化中的“昆仑神话”与“蓬莱神话”

东方文化源于昆仑神话，昆仑神话源于人类早期，描述了宇宙形成、人类从诞生到发展的重要历程。昆仑山在中国古代山川崇拜中占有极其重要的地位，古人认为黄河发源于昆仑山，所以视之为天地之中。根据考古和文献记载，在历史上华夏文明的中心有过几次重要的迁移：8000年前，甘肃天水地区建立了大地湾文化；大约1000年后，在河套地区建立了仰韶文化；距今约4000～4600年，在黄河中下游建立了龙山文化。华夏文明一路东迁，与此同时华夏文明也从上游的昆仑神化，成就了蓬莱神话，进而演变成了中国独特的山水文化。古人溯源到昆仑，探往至蓬莱。一山一海，一西一东；一高一低，一源一流。两个神话体系以华夏文明为载体，位于以中原汉文化为核心的东西两端，构成了先民神话想象与现实理想的交织。

（3）武当山在国土尺度上的地理区位

中国地势西高东低，大致呈阶梯状分布。武当山位于中国第二阶梯与第三阶梯交界处，秦岭与大巴山褶皱带之间。武当山的大风水格局是背靠大巴山脉、面朝大别山脉，左右分别为秦岭山脉和大巴山脉，而秦岭的祖

1 袁珂. 山海经校注［M］. 北京：北京联合出版公司，2014.

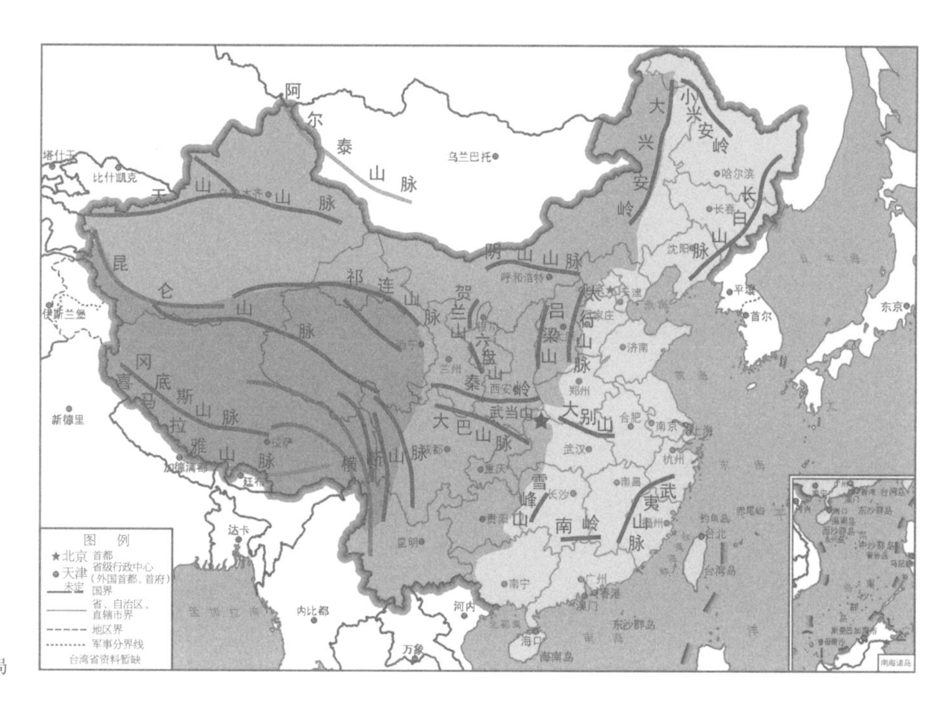

图2-1　武当山的宏观山水格局

山为昆仑山。所以，虽然从登山的序列上武当山是南低北高，但是从宏观上的山水格局来看武当山却是坐西向东的，与中国整体的地势方向一致（图2-1）。

明代皇帝朱棣"南修武当，北建故宫"，为了更好地抵御北元和巩固自身统治，朱棣决意迁都北京，将南京改为留都。武当山地处中原西侧的太行山脉与南侧大别山脉西延的交汇处，是控制整个中原的制高点（图2-2）。从大的地理环境来看，五岳之首的泰山位于"南京-北京"之间，而"武当山-泰山-蓬莱三仙山"的连线又处于"南京-武当山-北京"的角平分线上。武当山的修建，形成了"武当山紫金城"-"北京紫禁城"-"南京宫城"三足鼎立的空间秩序，这种秩序隐含着"君权神授，皇图永固"的目的。从国土地理空间上看，武当山与昆仑山、蓬莱三山、原南京都城以及新北京都城的位置关系是武当山在明代作为皇室家庙得以开发的重要原因。

2.1.2　区域尺度上的地理区位

武当山位于我国东西褶皱带南秦岭和大巴山东延之间，北面为南秦岭，南面和西面为大巴山系，东面为南襄盆地和桐柏山，汉水从其西北向东南绵延而去。《舆地纪胜》记载武当属均州，"东连襄沔，西彻梁洋，南通荆衡，北抵襄邓"。因为所处的地理位置，武当山素为华北地区和西南地区的战略要地。武当山在战国时期处于楚、秦、韩三国交界处，是楚国西北的战略重地；三国时期魏、蜀两国的边界一度也在武当山附近。从古代水陆交通来看，武当山地

图2-2　中原尺度上的武当山地理区位

区是交通要道，被称为“荆襄襟带，雍豫咽喉”[1]。水路交通汉水，西起汉中，东至武汉入长江，沟通了历史上农业发展较早的鱼米之乡——汉中平原、南襄盆地、江汉平原与长江中下游平原；秦汉时期沿大巴山东麓修襄阳驰道，南北向沟通了华北平原与江汉平原。便捷的交通不仅促进了武当文化的传播，也使得后期的大规模开发成为可能。

汉水，古时曾叫沔水，在历史上有着重要的地位，与长江、黄河、淮河并称“江河淮汉”。流域涉及鄂、陕、豫、川、渝、甘6省（图2-3）。明成祖朱棣敕建

1 豫州，河南；雍州，河南、湖北、陕西等境内。

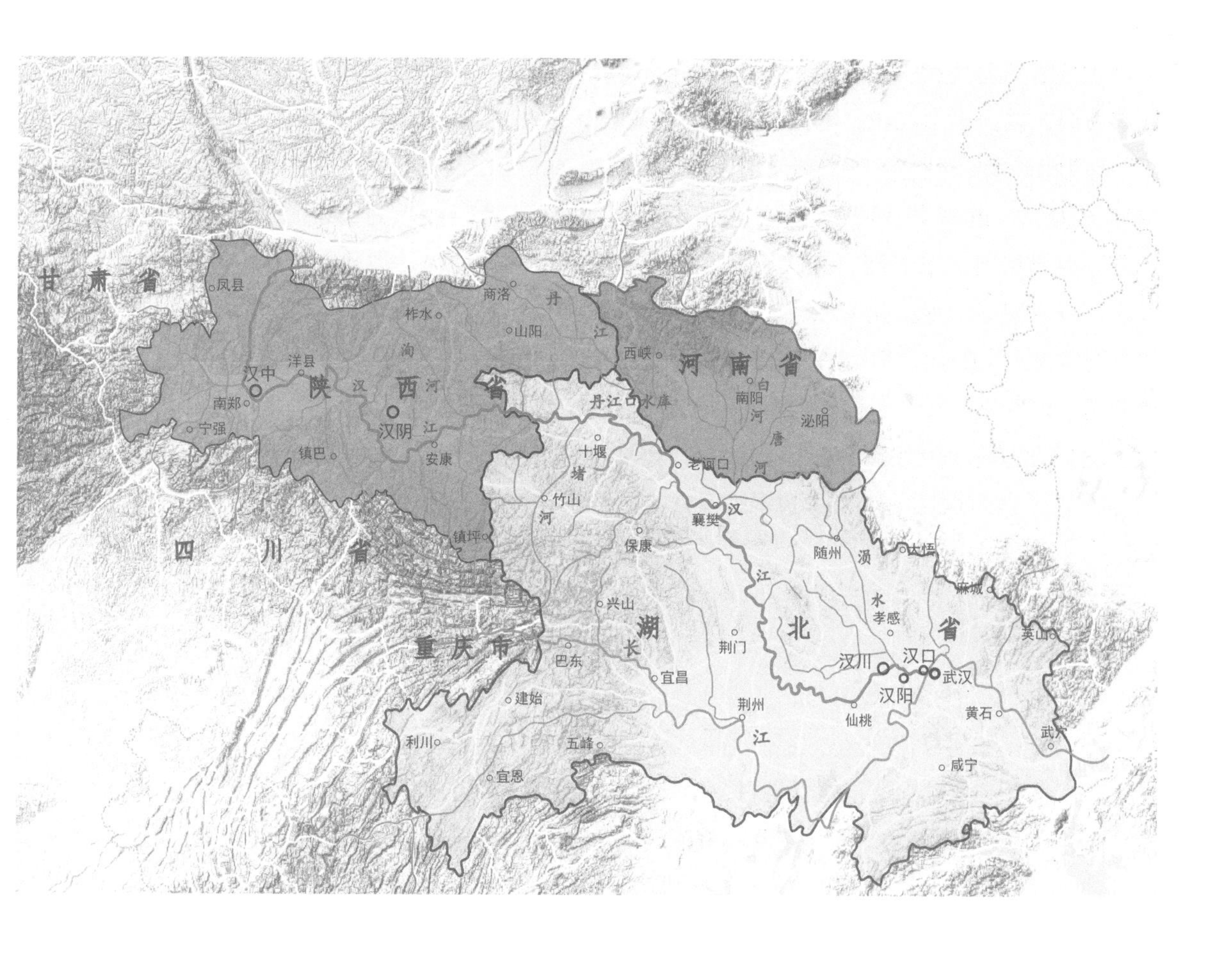

图2-3 汉水流域图

武当山，倾南方五省（湖北、湖南、河南、陕西、四川）财力、赋税，并且要求不破坏武当山本身的一草一木，汉水在物资运送上起到了至关重要的作用。

2.1.3 研究范围

关于武当山所占区域面积，历代估算略有不同。南朝郭仲产所撰《南雍州记》说：“武当山广圆三四百里”；宋代乐史所撰《太平寰宇记》说：“区域周回四、五百里”；元代刘道明《武当山福地总真集》说：武当山“应翼轸角亢分野，在均州之南，周回六百里”；明初刘三吾撰《武当五龙灵应宫碑》则写道：“武当山在襄阳均州南三舍许，盘亘八百余里”；明代以后所修纂的武当山志书亦多称“周回八百余里”。

关于武当山到各地的路途里程，宋代乐史所撰《太平寰宇记》记其“四至八到”：东北至东京九百八十里；东北至西京八百八十五里；西北至长安九百五十四里；东至邓州二百四十四里；南至房州二百六十八里；西至金州七百三十二里；北至邓州内乡县二百六十八里；东南至襄州三百七十六里、水路三百六十二里；西南至房州三百七十二里；西北至商州上津县石丹山界三百四十四里；东北至邓州三百四十四里。

武当山又名太和山、参上山、仙室山、谢罗山，位于湖北省十堰市丹江口境内，属大巴山东段，南倚神农架原始森林，北临丹江口水库。“武当山”作为一个地域概念，既清晰又模糊。依据目前《武当山风景名胜区总体规划（2012～2025年）》可以对“武当山风景名胜区”有一个较为清晰的划分：西界堵河，东界南河，北界汉江，南界军店河、马南河，地跨东经110° 57′～111° 14′，北纬32° 23′～32° 33′，面积312km²。而“武当山”概念的模糊之处在于武当山从无到有，地域范围随时间而变化；又因为武当山没有围墙作为明显界线，不同时期、不同人对武当山地域的界定也不尽相同。但不可否认的是，武当山作为一个风景名胜地地理区域，其内部的经济、文化、社会等方面发展是同步的，边界的模糊性并不影响本文的研究。

2.2 自然条件

2.2.1 地质地貌

武当山地区大地构造，处于昆仑、秦岭褶皱东端南缘中的武当山隆起中部，属大巴山脉东延支脉。武当山隆起具有复式背斜构造特征，主要走向与山脉走向基本一致，大致沿西南、东北方向展开。主体地层为10～13亿年前的上元古界火山喷发岩及沉积砂岩，生成后在漫长的地质历程中，地壳经受了多次地质构造运动，使岩石的结构、构造、成分变质形成武当群变质岩系，主要由火山碎屑岩组、绢云母石英片岩组和变质火山岩组等组成。

武当山正处于武当隆起的中部，构造特点为北西、北东方向断裂褶皱发育，在整个武当山隆起中，自西向东大致按4～6km距离展布，断层面倾向西。这两个不同方向的断裂由不同时期地质构造运动演变而成，其中后者更早。在地质应力作用下，7亿年前已从沧海中上升成陆地的武当山隆起犹如一块完整的巨石，在经受了多次应力冲击后变得劣迹斑斑，这是形成武当山峰林雄奇壮观的内在因素。

武当山属大巴山脉东延北支，以老君堂-五龙宫一线为界，北为江汉丘陵、谷地，海拔在100～500m，其南为武当山地，主峰天柱峰海拔1612m，照面峰1238m，南岩950m，形成群峰如林、峰峦叠嶂的低山、中山区。在垂直方向上保留有三级夷平面，沿汉江河谷则保留有四级阶地，这些阶地的存在，说明武当山早自更新世以后受构造运动影响，地壳振荡频繁，经历了四次上升期和三次稳定期，上升与稳定两种作用的交替，形成汉江两岸多级阶地地貌[1]，武当山亦随着地壳上升，沟谷相应深切而形成复杂的胜迹地貌。从地质角度而言，武当山地区保存有第四纪冰川遗迹中高山冰川侵蚀地貌，

1 武当山志编纂委员会. 武当山志［M］. 北京：新华出版社，1994.

以正地貌的角峰、鱼背峰等，与负地貌的冰斗、冰窖、冰蚀盆地、冰川U谷等最为显著。

属角峰地貌的有天柱峰、香炉峰、蜡烛峰、金童峰、玉女峰、照面峰以及四周孤立的峭峰，由四周冰川的源头侵蚀而中间残留构成，是武当山的主体部分；

属于鱼背峰地貌的有以天柱峰为中心向四面放射状伸展的石墙般山背，状如鱼背，是高山冰川向四周流动时侵蚀残留的形态；

属冰斗地貌的有七星树以上，黄龙洞、朝天宫所在之洼地；

属冰窖地貌较典型的有剑河盆地源头之一的紫霄前坡冰窖与紫霄宫冰窖，其特点是三面陡壁包围，由西南向东北伸展，最后入剑河冰川U谷之中；

属冰蚀盆地地貌的以七星树冰蚀盆地保存最好；

属冰川U谷地貌的数目很多，北东方向伸展的冰川U谷发育良好，如剑河U谷、南岩U谷，这两大U谷不仅笔直宽平，且具有几重冰川套谷现象，其中在南岩宫以西的山谷中发育最好（表2-1）。

武当山冰蚀地貌 表2-1

正地貌	角峰	天柱峰、香炉峰、蜡烛峰、金童峰、玉女峰、照面峰、四周孤立的峭峰
	鱼背峰	以天柱峰为中心向四面延伸的山背
负地貌	冰斗	七星树以上，黄龙洞、朝天宫所在的洼地
	冰窖	紫霄前坡冰窖、紫霄宫冰窖等
	冰蚀盆地	七星树冰蚀盆地等
	冰川U谷	剑河U谷、南岩U谷等

2.2.2 水文

武当山风景景区平均年降水量为872.6mm，年蓄水量为1281万m^3，城区平均海拔182m，周边有丹江口水库及自然河流。以武当山为发源地的河流主要有3条，即剑河、东河、九道河；二、三级支流有5条，即观音堂沟、冷水沟、黄连树沟、沙沟河、东沟河；剑河水系发源于武当山东麓，北东向流经太子坡、财神庙、老君堂、老营等地，至香炉院注入丹江口水库，流域面积47.2km^2，河流长26.5km；东河水系河源有东西两支，西支发源于金殿以西的黄土垭，东支发源于朝天宫附近，两支分别流至何家岭汇合为东河，然后向北流至嵩口注入淄河汇入丹江口水库，属汉江二级支流，该河流域面积63.5km^2，河流长21.1km；九道河发源于武当山天柱峰南面的豆腐沟，流经庄房、泰山库、蔡家院至河东入吕家河。这些流域虽然植被覆盖率高，但由于河谷坡度陡峭，比降较大，基岩为云母石英片岩、变质火山岩等，地下水缺乏，除了潭涧外，一般河流属于季节性河流，暴雨时河水猛涨，雨后河水骤退（表2-2）。

武当山主要河流基本信息 表2-2

名称	源头	流域面积（km^2）	河长（km）	河岸平均坡降	可供水量（10^4m^3）
剑河	武当山东麓的倒开门	47.2	26.50	12.0%	1668.00
东河	西支发源于武当山金殿以西的黄土垭；东支名螃蟹夹子河，发源于武当山以北朝天宫	63.5	21.10	16.5%	2244.70
九道河	发源于武当山天柱峰南面的豆腐沟	38.8	12.75	32.0%	1371.58

2.2.3 气候

武当山属亚热带季风气候，地处山区，气候垂直变化明显，随海拔的增高气温逐渐递减。因以隔江相望的秦岭东延伏牛山作屏障，东有起伏的岗峦，减缓了南襄隘道沿汉江西贯的冷空气，中有汉水调节，故冬暖夏凉，总体上气候温和。元代刘道明《武当山福地总真集》记，武当山“冬寒而不寒，夏热而不热”，是理想的避暑胜地。

全山分3层气候区：上层即朝天宫至金顶，海拔1200～1600m，年平均气温8.5℃；中层海拔750～1200m，年平均气温12℃；下层在海拔750m以下至武当山城区，年平均气温在15.9℃。错综复杂的地形使得武当山局地小气候明显，坡地与谷盆地温度曲线不同，夏季谷盆地积热难散，温度高于坡地；而冬季晴夜，冷重空气沿山坡滑向山谷，山谷温度则低于坡地。

因临近丹江口水库，山上雾气重、湿度大，气候湿润多雨，年降雨量达1000～1200mm。降雨量分布特点是迎风坡多于背风坡、山上多于山下、雨热同期。北麓的浪河、老营年降水量比背风坡官山河谷多。降雨量随高度增加，海拔400m以下降水量为900mm以上，海拔750m以上为1000mm以上[1]。雨热同季，4～10月降雨量占全年的85.2%，其中夏季降水量约占一半。

武当山南北秦岭大巴山高山屏护，汉水自西北向东南蜿蜒流过，形成通风走廊。冬季冷空气从华北平原经南襄盆地转西沿汉江河谷西贯，夏季东南风沿伏牛山沿汉江河谷西延，全年盛行偏东风。此外，以日为周期的山谷风明显，白天由山谷吹向山坡，夜间冷空气重由山坡吹向山谷（图2-4），这种在山地局地的热对流也是山地气象变化复杂的原因。

1 武当山志编纂委员会. 武当山志［M］. 北京：新华出版社，1994.
2 武当山志编纂委员会. 武当山志［M］. 北京：新华出版社，1994.

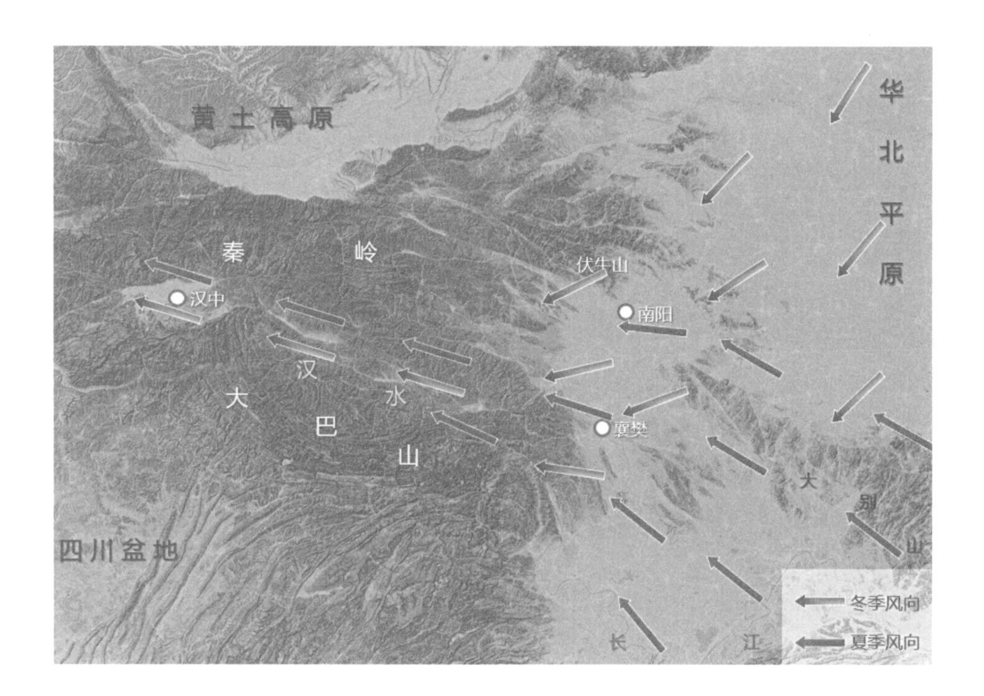

图2-4　山谷风
（图片来源：谷歌地图）

2.2.4　土壤

武当山不同的地质地貌与成土母质，在不同生物及气候因子作用下，形成不同类型的土壤。主要由灰色绢云石英钠长片岩、绿泥钠长片岩和绢云石英片岩风化而成[2]。土壤垂直分布明显：海拔300m以下，一般为黄棕壤和黄褐土；海拔300～500m，为黄棕壤和山地黄棕壤；海拔500m以上，为山地黄沙壤，土壤呈中性偏酸，pH值在5.5与7.5之间，质地有沙土、沙壤、轻壤、中壤、重壤等。结构较好，土层深度不一,一般在10～100cm，与坡度成正比关系。

2.2.5　植被

武当山位于湖北省西北部，在中国植被区划中属于亚热带东部湿润常绿阔叶林亚区。该区域包括北亚热带常绿阔叶 - 落叶阔叶混交林地带、中亚热带常绿阔叶林地带、南亚热带季风常绿阔叶林地带。

湖北省北部为北亚热带常绿阔叶 - 落叶阔叶混交林地带，南部为中亚热带常绿阔叶林地带。武当山在湖北的植被区划中，属于鄂西北山地丘陵植被区的武当山低山丘陵植被小区，地带性植被是含有常绿阔叶层片的落叶阔叶林。

其地理位置特殊，属于秦岭-大巴山脉，既是秦岭余脉，又是大巴山东延支脉，在一定程度上受到了大巴山脉和川东地区植被成分的影响，因而植物成分上兼具大巴山和秦岭的特点（图2-5）。

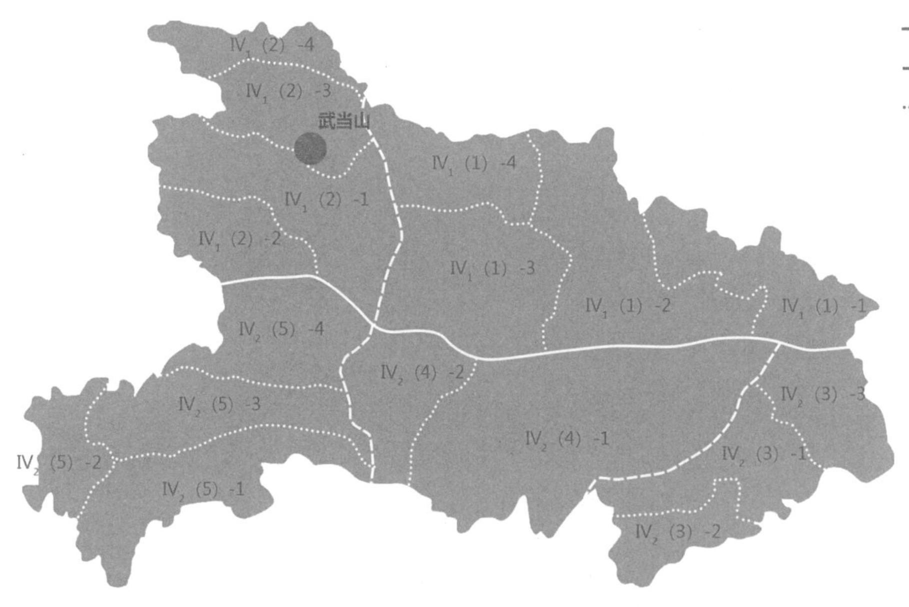

图2-5　武当山在湖北植被区划中的位置
（图片来源：改绘自《湖北植被区划》）

除了植物区系外，由于海拔的变化，武当山的植被垂直分布明显，从山脚到山顶，分布着三种不同气候带的植被。低山为落叶阔叶混交林带，主要有马尾松林、栓皮栎林、杉木林、柏木林、竹林；中山为针阔混交林带，青冈林、栓皮栎林、杉木林、化香林、白皮松林、马桑-黄栌群落、盐肤木群落；高山亮针叶林和落叶阔叶林带，主要有巴山松林、锐齿槲栎林、乌冈栎林（图2-6）。

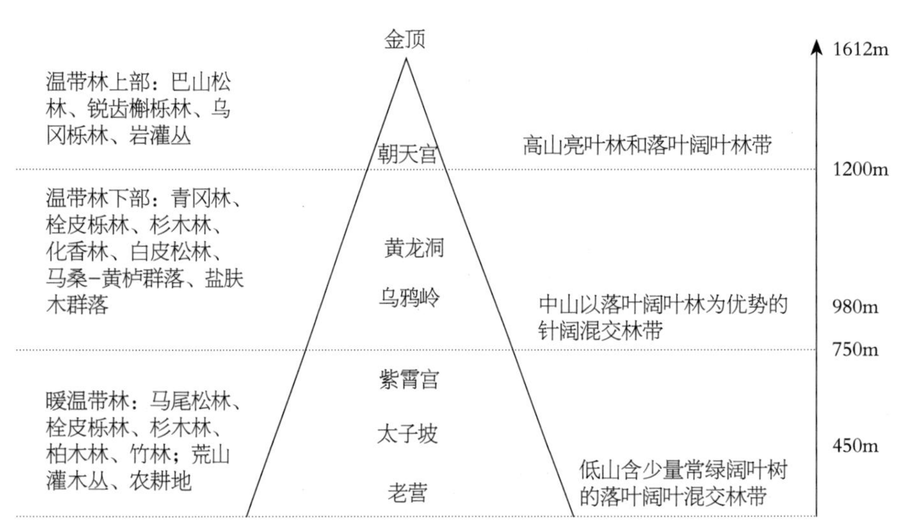

图2-6　武当山垂直植物分布带
（图片来源：改绘自《武当山志》）

1 谭白英．文物与旅游［M］．武汉：武汉大学出版社，1996.

武当山所处的植物区划系统、植被垂直地带性特征和人为干扰等因子的综合作用，形成了武当山现状的森林植被。

据初步调查，全山共有植物758种，药用动植物800多种，鸟类130种，兽类40种，昆虫1055种[1]。乔木树种主要有：马尾松（*Pinus massoniana*）、巴山松（*P. henryi*）、落叶栋类（*Quercus* spp.）、山核桃（*Carya cathayensis*）、鹅耳枥（*Capinus* spp.）、亮叶桦（*Betula luminifera*）、槭（*Acer* spp.）；灌木树种主要有：山胡椒（*Lindera glauea*）、连翘（*Forsythia suspensa*）、胡枝子（*Lespedeza ormosa*）、多种杜鹃（*Rhododendron* spp.）、野蔷薇（*Rosa multiftora*）及蔷薇科悬钩子属（*Rhus*）的植物、苎麻（*Boehmeria nivea*）等；草本层优势种主要有：麦冬（*Ophiopogon japonicus*）、艾蒿（*Artenisa argyi*）、蕨类（*Peteridium aquilium* var. *latiusculum*）、马唐（*Digitaria sanguinalis*）、灯芯草（*Juncus effusus*）、大披针苔草（*Carex lanceolata*）等。

第3章

人文与历史——武当山景观格局的形成与发展

3.1 中国名山发展概述

不同时代人们对山岳及山岳风景的认识程度和利用水平不尽相同，一方面受到政治、经济、文化的影响，另一方面也反映了佛、道宗教势力的长期斗争与成长。可以说，今天我们熟悉的中国名山都是经过历史的淘汰和筛选而形成的。

（1）萌芽——殷、周、秦、汉

名山诞生于原始社会的山岳崇拜，人们对形状奇特、形象高大的山脉怀有敬畏之情，并进行祭祀崇拜。《山海经》《禹贡》《管子》等古籍记录了早期中国名山的分布情况，反映了中国古人的山水观念。"天人合一""君子比德""仙山传说"等意识形态也使名山的文化底蕴更加深厚。随着氏族社会的瓦解、奴隶社会的建立，这种崇拜上升至国家层面的封禅活动，不仅趋向制度化和礼仪化，而且成为巩固统治者地位的精神抓手。秦统一六国后，除了登山封禅以外，衍生出的"刻石记功"成为我国名山摩崖石刻的先导。汉武帝时期，封禅活动达到了前所未有的规模和频度。

（2）形成——两晋南北朝

佛教在西汉末年、东汉初年传入我国，中国本土宗教道教创立于东汉末年，此后宗教势力成了山岳的主要开发者和管理者。再加上对名山认识的加深，人们对于山岳的理解也发生了根本性的转变。名山从单纯的崇拜对象，逐渐发展成为观赏自然的目标和宗教活动的场所。文人名流争相游览，山水诗、山水画应运而生。中国大多数的名山都是在这个时期开始开发的。僧道先行，文人名流继之，宗教建设与风景建设相结合[1]，便成为中国名山风景开发的模式。

（3）发展——隋、唐、宋

隋、唐、宋是中国封建社会的全盛时期。唐朝经济繁荣，科学、文化、艺术得到了长足的发展，宗教也进入了兴盛期，经济、政治、文化、宗教等因素相互作用，最终促成了中唐以后各名山的广泛开发与建设。宋朝时，随着科学技术水平的进一步提升以及社会风气的影响，人们逐渐对名山风景有了一定的研究，沈括的《梦溪笔谈》中关于流水对地形的侵蚀作用已经有了相当正确的解析。这一时期，文人墨客留下了大量的诗词遗迹，为名山注入了文化的力量，大量名山在这个时期逐渐被开发和完善，可以说这一时期是中国名山发展的全盛期。

（4）守成——元、明、清

名山风景建设工作虽然仍在继续，建筑在不断更新，设施在不断完善，但新开发的名山却凤毛麟角，总体上呈现为守成阶段。这一时期，许多名山陆续

1 周维权. 中国名山风景区［M］. 北京：清华大学出版社，1996.
2 谢凝高. 中国的名山［M］. 上海：上海教育出版社，1987.
3 卿希泰. 中国道教史［M］. 成都：四川人民出版，1993.

编纂山志，系统整理了名山的历史沿革和景观资源，这一工作对后续名山的建设和研究有着重要的意义。

（5）衰落——民国

随着帝国主义的入侵和国内革命运动的兴起，新思想的广泛传播使得宗教失去了曾经的土壤，宗教势力逐渐衰落。鸦片战争之后，中国沦为半殖民地半封建社会，中国名山的自然资源和人文资源遭到了不同程度的破坏。中华人民共和国成立前，泰山、北京西山、杭州西湖群山等的植被破坏严重，寺庙和建筑破败不堪[2]。

（6）保护与建设——中华人民共和国成立后

自中华人民共和国成立以来，名山的保护与建设取得了很大的成绩，不仅对重要文物和古建进行了保护修缮，还对山林地进行了大规模的植树造林，同时对部分名山开展了地质地理考察。但是，十年动乱期间，各地名山受到不同程度破坏，宫观寺庙无人看管，大量建筑被破坏或者占用。

党的十一届三中全会以后，党和政府重新重视名山的保护与建设。1981年，国务院批准国家城建总局等部门《关于加强风景名胜保护管理工作报告》的通知；1982年，国务院审定公布了44个第一批国家重点风景名胜区，其中大部分是名山风景区；之后，各风景名胜区成立了管理保护机构，并着手编制名山保护和开发利用的总体规划；1985年，国务院又发布了《风景名胜区管理暂行条例》，为我国制定风景名胜保护法奠定了基础。自此，中国名山开始了更加蓬勃的发展时期。

3.2 中国道教与道教名山

3.2.1 道教起源与发展

道教是中国土生土长的宗教，源于古代的巫术、占卜、神仙方术、阴阳五行之学，尊老子为教主，以老子的《道德经》为主要经典。至东汉，相继创立“太平道”和“五斗米道”，而逐渐形成宗教。道教从原始形态到正统形态的发展进程中，逐渐由民间、流动的原始状态向集中、有固定地点和稳定的宗教团体发展，与此同时，道教的教义、制度和各项功能也更趋于完善。

道教起源于原始宗教崇拜、老庄道家思想、神仙方术以及黄老学说[3]。人们对天地、山川、祖先、鬼神的崇拜由来已久，日月星辰、风雨雷电、山川五岳、祖宗先贤都被视为崇拜对象。殷商时已建立了以天帝为中心的天神系统和与宗法制相联系的祖先崇拜。在战国时期就有“海上仙山”“浮云登仙”等说法，道教典籍《庄子》《列子》中也有仙人、仙境的记载，这些被后世继承成为神仙方术。西汉初期，文、景两帝以黄老清静无为之术治理天下；汉武帝时，神仙以老黄自尊，逐渐演变为黄老道。

直至汉灵帝时，张角创建太平道，奉行《太平经》，青、徐、幽等八州数十万人信奉。太平道有道经、有道众、有组织，标志着道教的初步形成。在张角利用太平道发动黄巾起义失败后，太平道转入民间，秘密流行。

秦时，在司马迁的《史记》中对“炼丹术”已有所记载[1]，至汉代人工炮制延年益寿的金丹颇为盛行，直至东汉末年，魏伯阳开创金丹道。两晋南北朝时期，道教在太平道、天师道的基础上，演变为丹鼎派与经派。魏晋时期玄学盛行，道教也转向义理方面，用《道德经》解说炼形之术，讲究形神合同，成为之后道教发展的基础。

唐代是道教发展的全盛时期，不少皇帝崇奉道教，视老子为唐室远祖，道教为皇族宗教，以《道德经》为上经。唐末五代道士杜光庭（850～933年）阐发礼义之学，著有《道门科范大全集》，将儒家表奏、辞章、疏启、颂赞等告祭天地祖先的礼仪纳入道教，并清整统一道教的斋仪，给予艺术性的文饰，形成道教的科仪规范。

晚唐北宋以后，道教融合了儒家理学的伦理道德和佛教禅宗的修行方法，开始宣扬儒、释、道三教同源，倡导儒、释、道三教合一思想。

宋代的不少皇帝笃信道教，尊老子、建宫观，宋徽宗还自封为“道君皇帝”。宋、辽、金之际，中国南北分裂，道教也分为南北两支系。北方金朝统治区相继出现太一道、真大道、全真道三个新的宗系，其中全真道最有势力。南方南宋统治区，天师道（又名正一道）张陵世代相传，重符箓，入道者可以居家娶妻室，茹荤饮酒。全真道与天师道不同之处是入道者要出家为道士，不娶妻室，不茹荤饮酒，倡导性命双修，注重清修，炼心性、绝世欲，被称为重清修的丹鼎派。随着元朝国家的统一，南北各道派也重新整合，形成以内丹修炼为主的全真道和符箓为主的正一道两大派系，流传至今。

明初，太祖朱元璋对道教并施笼络与检束，召见天师张正常，允以祈福济民，但对道教管理颇多限制。明成祖朱棣崇尚道教，道士张三丰在朝廷的支持下创立武当道，在教义上主张三教合一，《大道论》中说：“儒也者，行道济时者也。佛也者，悟道觉世者也。仙也者，藏道度人者也……夫道者，无非穷理尽性，以至于命而已矣。”重视清修，主张修炼内丹，他倡导的理论与实践和全真道的教义颇为契合。

明世宗醉心道教，祈求长生，终以服用丹药中毒身亡。此后，道教失势。清代朝廷以黄教为国教，乾隆时禁止正一真人传度，道光又停止天师觐见，道教衰败已成历史必然。

1《史记》：“致物而丹砂可化为黄金。”

3.2.2　道教的宗教信仰

《道德经》云："道可道，非常道；名可名，非常名。无名天地之始，有名万物之母。"道教认为"道"是宇宙万物的来源和存在根据，也是世界万物所遵循的规律。早期的《太平经》说："夫道者何也？万物之元首，不可得名者。"张陵更把"道"说成"既在天地外，又在天地间，往来人身中"的天地万物本源。《太上老君说常清静经》中说："大道无形，生育天地；大道无情，运行日月；大道无名，长养万物；吾不知其名，强名曰道。"总之，道经中都把《道德经》作为道教祖经，把老子视为教主，把"道"认为是宇宙万物的本源。

自古以来，中国人的神话传说和宗教信仰，表达出两种重要的意图：长寿永生及社会和谐稳定。"长生不死"和"神仙乐园"促使他们追求超越时间与空间的大限，以一种诗人的情怀建筑神仙乐园，满足内心需要。

3.2.3　道教的神仙体系

道教是一种多神宗教，其神灵信仰多元而庞杂，所奉的神仙名目众多。道教的神仙体系是以三清、四御为主体的庞大的神仙系统，随着时间的延续，神仙名位逐渐增加。其来源首先是中国古代所祭祀的天地日月、星辰、五岳四渎、山川社稷；其次是道教信仰中的三清、四御、十方天尊、三官大帝、灵官太岁；最后还包括一些道教教派的创始人、对道观发展起到重要作用的著名道士及圣人。

三清是道教崇敬的最高神，包括元始天尊、灵宝天尊、道德天尊（太上老君）。四御也叫四辅，是辅佐三清的四位主宰天地万物的天神，包括中天紫微北极大帝、南方南极长生大帝、勾陈上宫天皇大帝、后土皇地祇（女神）。除四御之外，又有玉皇大帝、东极青华大帝。玉皇大帝是诸天之主，总执天道，管理三界十方四生六道之最高神，有如人世间的皇帝；中天紫微北极大帝，是执掌天经地纬、日月星辰、四时节候之神。

道教把宇宙分为大罗天、三清境、四梵、三界，共三十六天，每天都有不少神灵居住。此外，万物有灵，皆被尊为神，如雷神、灶神、财神、门神、瘟神等。

此外，道教对神与仙有严格的区别。神主宰天界，执掌神务，类似人间的皇帝与官吏，受香火祭祀；而仙则是修炼得道的凡人，没有神职，一般不收香火祭祀。道教主张修炼成仙，将广有神通的人都纳入真仙之列，名位众多，最著名的就是八仙过海传说中的八位仙人。

3.2.4 道教的理想仙境

道教信徒修道的最终目标是修炼成仙。道教世界中的理想仙境是中国人理想环境的典型化代表，并逐渐发展成为三种园林模式：蓬莱模式、昆仑模式和壶天模式。

蓬莱模式。在中国古代神话和传说中，流传着众多关于神仙世界的描述，其中最具代表性的就是东海的蓬莱、方丈、瀛洲三座岛屿。相传“此三神山，其传在渤海之中，去人不远；患且至，则船风引而去。盖尝有至者，诸仙人及不死之药皆在焉。其物禽兽尽白，而黄金白银为宫网”；“对东海之东北岸，周回五千里。外别有圆海绕山。圆海水正黑，而谓之冥海也。无风而洪波百丈，不可得往来，唯飞仙有能到其处耳”。把蓬莱岛描绘成海洋上的极乐世界，只有修真成仙的人才能到达。蓬莱作为海外三座仙山之一，也是海外仙岛的代名词。历史上很多皇帝包括秦始皇和汉武帝都有派人寻找而未果的经历。之后，为满足对于神仙世界的追求，在皇家御院中挖湖筑岛，模拟东海三座岛屿，并逐渐发展成为中国古代皇家园林池山创作的一池三山模式，沿袭至清朝，传至海外，影响波及日本皇家园林。如今，蓬莱模式在中国古典园林中深有体现，“一池三山”利用自然山水加以人工辅助，带有抽象与模式化的特征，但其出发点还是追求山水园林的神仙仙境。中国园林通过“一池三山”的山水结构表达祈求长生不死的神仙思想，其中，杭州西湖（图3-1）、北京颐和园都是按照“海上三仙岛”的道家仙境而建。

昆仑模式。道教在多次寻找蓬莱仙山未果之后，开始逐渐把注意力转移到了人间仙山。《礼记·祭法》云：“山林川谷丘陵，能出云，为风雨，见怪物，皆曰神。”中国人自古以来认为山岳是最接近上天的地方，仙山是凡人到神仙

图3-1　杭州西湖的一池三山
（图片来源：网络）

的过渡，具有神秘性，能够把人和神的距离拉近。而昆仑山是众多山岳中的神山仙境，支配着人们的精神，让人对其产生一种精神性的崇拜，被描述为能满足人的一切欲望、长生久视的仙境。“昆仑之虚方八百里，高万仞。”“有增城九重，其高万一千里百一十四步二尺六寸……不死树在其西，沙棠、琅口在其东，绛树在其南，碧树、瑶树在其北……疏圃之池，浸之黄水，黄水三周复其原，是谓丹水，饮之不死。”昆仑山高于四周拔地而起，并被河流所围绕，一般人不能到达；山顶是神仙的宫殿，有城墙围绕，入口为多重门，戒备森严并有神兽守卫；为满足道教思想中长生久视的愿望，相传喝了昆仑山的水可以长生不老，还有不死之药和各种珍稀动植物。

壶天模式。“壶”是中国古代常用的盛水容器，“壶天”即葫芦的内腔，口小腔大。“洞天”指仙人的居所，普通人无法涉足。洞天作为一种神圣空间，意为洞中别有天地，“天在洞中，洞在山中”。凡人可以看见山洞，却很难查验洞中别有的天地，洞天成了一种可以接近却不能进入的神圣空间，如三十六洞天、七十二福地，而洞天福地多取壶天模式。洞天的观念使自然山岳获得了神性，而山林云雾缭绕、清泉细流、林木葱郁、鸟语婉转也由此成为道教修炼的理想场所。曲径通幽、风景如画的大自然，加上神秘的宗教色彩，被构筑成一个别有洞天的仙境系统，虽然比蓬莱仙岛和昆仑山少了一些传奇色彩，但是在现实世界中更容易实现，所以更添亲切，令人神往。

不难看出，蓬莱模式、昆仑模式和壶天模式各不相同，但都强调与世隔绝，非仙羽所不能及的。这种道教神仙境界的理想模式，体现的是道家对神仙境界的向往，更影响了道教宫观的规划设计与选址。

3.2.5 道教的管理制度

道教宫观以道教文化为依托，随道教的发展而变化。原始道教将重点放在“寻仙”和“求仙”上，帝王和方士四处游走以寻求不死之方，在人与神的关系中，人处于被动。但为了满足人神之间沟通的需要，还是建造了一些固定的道教场所。

汉代，在“我命在我不在天”这种哲学思维的影响下，宗教的神仙信仰方式发生了重大改变，人们开始采取更为积极的方式，从被动的“求仙”逐渐转化为主动的“修仙”。随着人与仙关系的改变，道众们需要更多和更有针对性的场地进行修仙。汉末五斗米道开始筑有祀神的“治”和静修的“靖”（靖室）。随着道教宗教活动场所的固定，修道者开始在不同的地区集中，出现了不同的民间道派组织如邢台的太平道和鹤鸣山五斗米道，与此同时也形成了一些教规。道教活动场所的固定和迅速兴起，成为原始道教发展的重要标志。

南北朝时演变为“馆”或“观”，如庐山招真馆、衡山九真馆、茅山曲林馆等。全国性的道教改革普遍展开，道教发展进入了教会式时期。宫观的样式、格局、规模和功能等各方面都比以前更进一步。宫观的建设按照传说中的神仙宫殿营造，考虑到实际的应用结构更为完善，在功能的划分上将修炼和生活场所分别做了安排，连“米舍”“义仓”等仓储空间也被统一规划进去。具体包含：神灵区的天尊殿、烧香院、说法院、钟阁、玄坛和寻真台；修炼区的讲经堂、师房、经堂、升遐院、受道院、精思院、炼气台、祈真台和合药台；生活区的斋堂、浴室、净人坊；接待区的宿客坊、十方客坊；以及附属的骡马坊、车牛坊、碾恺坊、廊、门等[1]。南北朝时的“观”比汉末的“治”“靖”要复杂得多，是道教及宫观渐趋成熟的反映。此后，宫观的发展相对稳定并进入了成熟期。

唐宋时期，道教盛兴，规格进一步提高，变为宫观。据记载，唐时有宫观一千六百多处，两京建有巨大的太清宫、太微宫与玉芝观、升仙观等。到宋时，发展为十大洞天、三十六小洞天、七十二福地，每一洞天都建有宫观。宋、元以后，全真道兴起，又建立起丛林之制。

第一，人员管理制度。道教宫观的人员管理制度主要有十方丛林和子孙庙。全真道对全国范围内的人员实行统一管理。十方丛林形象地将道教宫观比作茂密的山林，一方面蕴含了道教追求清净的旨意，另一方面将道众誉为丛林表达道士众多荟萃的美好愿望。十方丛林道观规模较大，是道教活动和交流的中心，道士的出家需要在此受戒，所以十方丛林道观一般设有传戒台。此外，道教重视云游，十方丛林道观可以接待各个教派挂单[2]的道士，有安排道友的职责。但是对挂单的道士也有所规定：“凡全真挂单，始进名山丛林、宫观寺院，全凭规矩。”[3]留单的宫观有查验挂单道士身份、法派、决定是否留观的权利，挂单道士入观的所有事宜都要遵从观内规定。这样的制度，一方面保证了道士的云游修行，另一方面又对观外道士有所掌控。与十方丛林相对应的是子孙庙，子孙庙由同派师徒世袭，大多数普通或小道院都属这一类。天师道主持世代沿袭，不限婚姻，所以天师道道观几乎都是子孙庙。

第二，选贤制度和分工协作制度。道教宫观通常选择德高望重的道士管理宫观，一般宫观的领导为方丈，通过分工、协作制度保障宫观的日常生活和顺利发展。道教宫观的分工涵盖了宫观运行的所有方面，分工细致、职责分明。根据《邱真人律坛执事行为榜》规定，宫观的职务有：方丈、监院（俗称当家）、都管、都讲、都厨、堂主、殿主、经主、静主、化主、总理、知客、巡照、巡寮、海巡、公务、库头、账房、高功、经师、提科、表白、典造、堂主、号房、书记、监修、买办、贴库、坐圈堂、茶头、洒扫、磨头、碾头、园头、水头、火头、圊头、夜巡、钟头、鼓头、巡山、行堂、堂头、杂务、贴

1《道藏》，第24册第745页。

2 挂单，是指道士出家后，可常住某一道观，或参访名师、结伴道友云游四方，途中可暂时居于某一宫观。

3 胡道静等. 藏外道书［M］. 成都：巴蜀书社，1994.

4 参见《清规玄妙》，《藏外道书》第10册。

5 赵永源. 遗山词研究［M］. 上海：上海古籍出版社，2007.

案、门头、钟板[4]。

第三，躬耕自养、济世利人。宫观要运转和发展，没有经济来源是不行的，朝廷赏赐、社会募捐、各项宗教活动以及香火的收入虽然都能为宫观提供经济来源，但随着朝代的更迭和信仰的转变，这些收入都不够稳定。为了保证道教宫观能够长期而稳定地存在下去，宫观开始模仿禅宗的农禅之制，倡导躬耕自养，多数道士从事农业劳动。一般道观都有大片的农田，多数土地自己经营，并将富余土地租赁给其他人，利用农业生产和土地租赁获得稳定的经济收入。从《紫微观记》中的“耕田凿井，从身以自养，推有余以及之人”[5]可见，宫观不仅耕田自养，还能将富余的部分接济他人。如此，不仅减少了道教同国家经济、财政及世俗民众的矛盾，还对当时的社会经济起到积极作用，也为后来道教宫观的发展奠定了基础。

第四，经济管理制度。为了保证道产的稳定，避免不必要的浪费和经济纠纷，防止不法之徒侵蚀、私吞道产，宫观制定了严格而完善的经济管理制度。包括对道士衣、食的保障，强调公平、无私、廉洁的作风。其中，道产公有观念是全真派宗教经济制度中的一大特色。

3.2.6 道教的环境特征

（1）选址

道教宫观的选址特别重视与自然环境的融合，幽静的山林历来是方士、术士们隐居修炼之处。在道家“无为、无我、清虚、自然”思想的引导下，道教崇尚自然无为、主张“道法自然”。所以，道教宫观在选址时更加追求天人合一，注重以自然为本、融于自然、返璞归真。

清幽的山林是道教修炼的理想场所，因此，道教宫观的选址多是在人烟稀少、环境优美的山林之中，风景秀丽的名山大川就成了道教宫观首选的宝地。从东汉五斗米道创始者张道陵建二十四治起，各地风景秀丽的山川就成了道教的首选。所谓二十四治，就是由天师应二十四节气而设立的二十四个教区，包括阳平关、鹤鸣山、庚除山、北平山、云台山、北邙山等十六治和峨眉山、青城山等八个游治，它们都处于自然环境秀丽而清幽之所。道教认为，只有在自然的怀抱里生活，才能拉近人与自然的联系，才能更好地体味自然与生命的神奇。随着道教宫观在名山大川中建造数量的增多，出现了十大洞天、三十六小洞天、七十二福地等道教神圣空间，“洞天福地”也成为道教宫观的代名词，处于大小名山之中，它们通达上天，是天地间最为灵秀的地方，神灵在此栖息，是最适宜修炼的场所。司马承祯的《洞天福地・天地宫府图》和杜光庭的《洞天福地岳渎名山记》记载了很多的道教圣地，虽然三清山、齐云山、崂山等道教名山不在洞天福地之列，但洞天福地这一理论对道教宫观在名山的建设产生了极大的促进作用。

除了整个道教宫观所依附的美丽的自然环境外，道教宫观在大环境中的具体选址也是十分讲究，其所选择的自然环境和地理条件更是胜境中的点睛之笔。龙虎山天师庙始建于南唐，历代不少文人来此探幽访胜，被赞为“山岩皆绝景，水窟更无双”。龙虎山天师府坐落于上清古镇中部，依山带水，气势恢宏，北靠西华山，南对琵琶峰，门临泸溪河，府内豫樟蔽日，乌栖树顶，环境清幽，恰似仙境。安徽齐云山太素宫背靠玉屏峰，左有钟峰，右有鼓峰，山下五流汇合，前临深谷而中有香炉峰即案山。罗浮山冲虚观山环水抱，山势“前揖后从各当尊卑，起伏之势如天造地成”[1]。这些道教宫观的选址都是后有高山而靠、前面视野开阔、周围自然草木丰茂、山环水抱的风水宝地。

（2）布局

道教宫观的布局主要受传统民居、帝王宫殿和佛教寺庙的影响。

首先，道教宫观在布局结构上继承了我国传统建筑的方法，基本上是由四合院组成，大的宫观由多进四合或三合院纵横铺开，层层院落形成依次递进发展的态势。道教宫观大多数中轴对称，并在中轴线上布置供奉神像的主殿堂，作为祭祀场所。两侧根据日月东西、坎离对称的原则，设置配殿供奉诸神，便于区分神的等级，同时也体现了道教聚四方之气、迎四方之神的思想。斋堂、客房也布置于轴线两侧，灵活自由。整体上，通过对称的布局形式，体现了中国古代“尊者居中”的等级思想。不少道观还在主轴线后部或侧面构建小型园林，在山林中，常因借地形、山泉、流水、岩石、洞壑等点饰景观小品，创造出与自然相和谐的优美景象。

其次，道教宫观在布局上深受宫殿建筑布局的影响。明《正统道藏》正一部《道书援神契·宫观》有如下叙述：“古者王侯之居皆曰宫，城门之两旁高楼谓之观。殿堂分东西阶，连以门庑。宗庙亦然。今天尊殿与大成殿同古之制也。”而《诗》曰：“雍雍在宫。”《传》曰：“遂登观台。”这就是说，道教的宫观与帝王宫殿、儒家礼制建筑及宗庙祖祠，在布局上极其相似：前有山门、华表、幡杆，入山门即进宫观管理范围，山门内正中部为祭祀区，是宫观的主要部分。祭祀区建三大殿，正殿两侧为配殿。宫观大都绕以红墙，院内常种松柏、白果及翠竹等植物。

再次，与佛教寺庙的“伽蓝七堂”相似，道教宫观一般也包括固定的几个部分。在中轴线上递进排列各个正殿，正殿左右为配殿，配殿两侧又设东西道院，作为道士修炼和生活的场所。全真派第一丛林白云观，位于北京西城区白云路，其建筑序列按照东、中、西三路轴线展开。中轴线上布列七进院落，并由外到内依次排有牌坊、山门、灵宫殿、玉皇殿、老律堂、丘祖殿、三清四御

1 田诚阳.《藏外道书》书目略析（一）[J]. 中国道教，1995，1(1)：31-32.

图3-2 钦赐仰殿道观图
（图片来源：网络）
图3-3 青羊宫八卦亭
（图片来源：网络）

殿和云集山房八座建筑。在云集山房的后面设后苑云集园，又名小蓬莱，作为轴线的收尾。

此外，山林中道教宫观一般依山而建，利用台地层层拔高，空间一般在后部达到高潮。受此影响，即使在平地上，为使主要建筑在空间上起到统领作用，宫观也会将最重要的建筑建在高台上，并在后方堆积假山。上海的钦赐仰殿道观（图3-2）场地面积有限无法堆山，于是在轴线末端建造了一座高大雄伟的“藏经楼”来充当风水学中的靠山。而通常情况下，佛教寺庙的整个空间并非沿纵轴线由低到高，例如大雄宝殿是最为高大巍峨的殿堂，但是基本没有在纵轴线的末端。

（3）空间艺术

道教宫观的空间艺术主要表现在宇宙观和对数字的运用上。

道教宫观是宗教神学思想的映照，利用对位和象征的手法体现了中国传统文化的宇宙观。比如成都青羊宫的八卦亭（图3-3）和太原纯阳宫的八卦楼等都是按照八卦方位，以子午线为中轴，使供奉道教尊神的主要殿堂都在中轴线上。道教认为宫观是神仙的居所，也是人与神交流的场所，而道教世界有三界，即无极界、太极界、现世界。将宫观山门设计为三个拱洞来隐喻三界，步入山门即为走过三界、步入圣地。

此外，道教宫观还很重视对数字的运用，通过数字表达宗教的美好愿望。“一生二,二生三,三生万物”，道教世界中通常用“三”代表世界万物。而“三”的倍数“九”作为阳数中最大的一个，在宫观中也极为常见。这些数字的运用，不仅符合道教信仰的要求，也使得空间组织统一，富有规律性和节奏感。

（4）风水观念

“风水”一词，最早出现在晋代郭璞的《葬经》一书中。“气乘风则散，界水则止，古人聚之使不散，行之使有止，故谓之风水”。明代乔项的《风水辨》中有一段精彩解释：“所谓风者，取其山势之藏纳，土色之坚厚，不冲冒四面之风与无所谓地风者也。所谓水者，取其地势之高燥，无使水近夫亲肤而已；若水势曲屈而环向之，又其第二义也。”这是古人对优良环境的一种诉求与探寻。

中国古代建筑重视风水，几乎所有建筑在建造时都要考虑风水问题，重视观形察势、实地考察，讲究山川的来龙去脉，力求人与自然的最大和谐。传统风水学主要考虑人、建筑和环境三者之间的关系，强调因地制宜地合理开发和综合利用。但是因为地域环境和民俗习惯不同，不同地域的要求略有区别。

风水学中理想择址的基本格局是负阴抱阳、背山面水（图3-4）。所谓负阴抱阳，就是基址后面有主山，左右有次峰或岗阜（或称青龙白虎砂山），山上要保持丰茂植被；前面有月牙形的池塘或弯曲的水流；水的对面还有作为对景的案山[1]。基址即所谓“龙穴”，处于山水环抱的中央，形成一个背山面水的基本格局。它充满了曲线的完型效应，调动了人的审美情趣，朝着心理的文化定势去发展，并与中国的山水画、山水诗融成一种“意境”，产生出一种奇特并耐人寻味的景观。

3.3 武当道教的渊源和发展历程

武当道教是中国道教的一个重要流派，深受中国道教的影响。武当山道教活动历史悠久，道教文化博大精深。自汉代起武当山就因僻静的地理位置和良好的自然环境吸引了众多的修道者。唐代，随着全国道教进入全面的发展期，武当道教也有所发展，得到皇帝的重视，兴建五龙祠。宋元两代是道教发展的又一高峰，以真武神为信仰的武当道教正式形成，真武神晋升为“社稷家神”。明代武当道教发展到了顶峰，在道教领域中更是取得了“四大名山皆拱揖，五方仙岳共朝宗”的独尊地位，几乎囊括了道教领域的所有派别，影响波及全国[2]。

3.3.1 武当山文化积淀与历史变迁

（1）文化积淀

“武当”之名最早出现在《汉书》[3]中,《水经注卷二十八沔水》载:“武当山，一曰太和山，亦曰上山，山形特秀，又曰仙室。”[4]《荆州图副记》曰：“山形特秀，异于众岳，峰首状博山香炉，亭亭远出，药食延年者萃焉。晋咸和中，历阳谢允，舍罗邑宰，隐遁斯山，故亦曰谢罗山焉。”[5]所以，武当山古有“太岳”“玄岳”“大岳”之称。

武当山的历史可以追溯到汉代，历经千年积淀，文化底蕴深厚。一般认

1 王其亨. 风水理论研究（第2版）[M]. 天津：天津大学出版社，2005.

2 王光德. 武当山与道教[J]. 中国道教，1988（2）：11-12.

3 班固. 汉书[M]. 北京：中华书局，1962.

4 郦道元. 水经注[M]. 陈桥驿，点校. 上海：上海古籍出版社，1990.

5 王光德，杨立志. 武当道教史略[M]. 北京：华文出版社，1993.

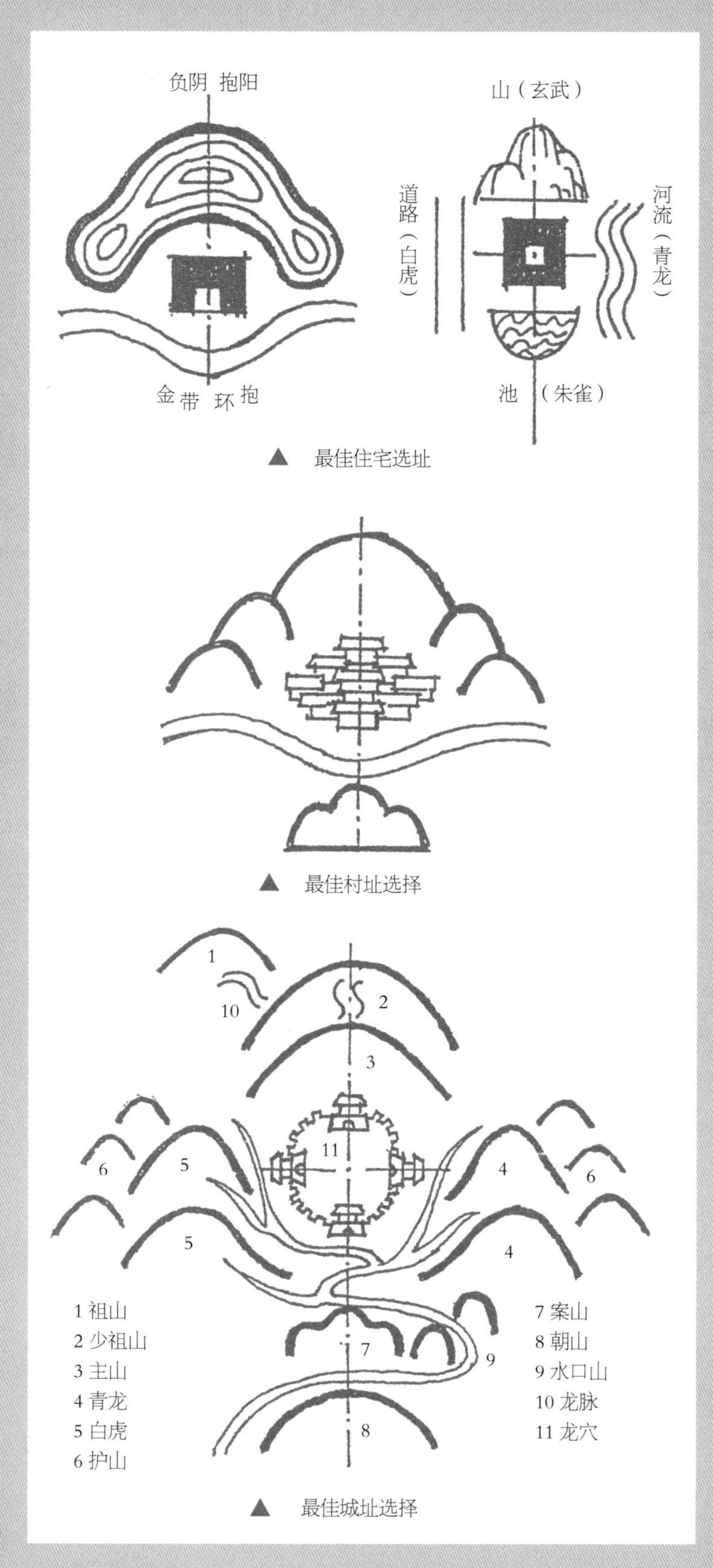

图3–4 风水观念中的最佳选址
（图片来源:《风水理论研究》）

为，自唐朝开始有皇帝在武当山敕建庙宇，历经宋、元，至明代武当山道教园林达到顶峰，明末以后造成一定破坏。园林是历史文明的载体，大量的武当山道教宫观在经历了自然侵蚀、人为破坏和社会变迁后，仍然较好地保存下来，给研究历史留下了重要的物证。杨立志教授经过二十多年的研究阐释了武当文化的概念与基本精神，在简介武当文化的地理背景后，对武当道教的渊源和发展历程、玄天上帝信仰与武当神仙造像、建筑文化、武当道教斋醮科仪与音乐艺术、武术文化、进香民俗文化与山水文学等内容进行了系统而全面的阐释[1]。武当山自然景观与人文景观融会贯通、辉映成趣，既增加了武当山的神秘空灵，也使武当文化的内涵更为丰富多彩。

（2）历史变迁

武当山地位在历史上变化较大。汉末至魏晋、隋唐时期，武当山是求仙学道者的栖息之地；汉末至六朝，道教始兴，大批学道之人为躲避社会动荡，到武当山这样地理位置偏僻的山林修行，此时武当山也初具名气；到了魏晋南北朝，全国各地来武当山隐居修道者明显增多，武当山也因清幽的自然环境更具盛名；隋唐时期，武当山被列为道教“三十六洞天、七十二福地”中的第九福地。至两宋，极盛文治而不善武治，武当山开始被描述成玄武（真武）的出生和飞升之处，并与北方之神真武神结下了不解之缘，为之后的进一步发展打下基础。至元朝，道经中真武出生、修仙、飞升的一些传说故事更为完善，真武附着武当山的观念也深入人心，武当山逐渐成为世人崇奉的真武道场，香火更旺；与此同时，武当山作为道教名山的地位也大为提升。明朝以来，明成祖把真武神作为明皇室的保护神而大加尊崇，武当山被敕封为“太岳”“玄岳”，达到鼎盛阶段，作为全国真武信仰的中心，武当山经过大规模的兴建成为“天下第一名山”，影响辐射全国。在明朝二百多年的历史中，朝廷始终将武当山作为“皇室家庙”来精心管理、统一维护，武当山得到极大的振兴。但是随着朝代的更替，清朝后，皇帝有意抑制武当山的发展，使其地位大大下降。

今天，对武当山文化和历史的研究主要基于武当山志和游记文学两方面。道士们的修志传统历来已久，武当山志作为文化传承的重要部分，详细记录着历史上武当山各方面的变迁过程。到明代修志活动异常活跃，目前已知明修武当山志有六部，它们前后相继，构成一个完整的山志体系。武当山作为风景名胜地，游记文学也十分丰富，多是从作者自身的感受和审美情趣出发，从不同距离、不同角度观赏武当山，并生动而感观地进行描写，为我们深入挖掘武当山文化底蕴，从高层面、更深层次上揭示武当山历史提供了依据（表3-1）。

1 杨立志. 武当文化概论［M］. 北京：社会科学文献出版社，2008.

历代武当山志 表3-1

时期	书名	作者	内容
元代元世祖至元辛卯年	《武当福地总真集》	刘道明	记录了元代初期武当山的自然风光、道教文物、神话传说，以及仙真和有名道士的事迹等。书中记载的资料可供研究武当山道教史之用
明代	《明实录》	明代官修	收录了关于宫观建设和维护、经费与供给、宗教活动，以及行政、人事等内容
明代宣德六年	《敕建大岳太和山志》	任自垣	记述成祖敕建宫观的全部过程和相关圣旨、碑文、诏书等
明代嘉靖十五年	《大岳志略》	方升	首次引入“图”的手法，对山中建筑的记载采用了图说体例
明代嘉靖三十五年	《大岳太和山志》	王佐	详细记载了敕修武当宫观的始末和若干工程细节，收录了当时的奏章、批文等
明代隆庆六年	《大岳太和山志》	凌云翼、卢重华	对明皇室的玄天上帝信仰作了大量记述。不仅翔实描述了明代武当山的盛况，而且忠实记录了明皇室奉祀玄天上帝的史实
明代万历三十八年	《太和山图说》	杨尔曾	正文凡十卷，前述山之显赫，后记游之路线，中为宫观图说，图文并茂，赏心悦目，览之可得武当山山川之大概
明代崇祯十五年	《六岳登临志》	龚黄	专门记载了东岳泰山、南岳衡山、中岳嵩山、西岳华山、北岳恒山、玄岳武当山的山川风物和人文故事。一岳一卷共六卷。其中《玄岳登临志》约1.5万字，不仅提出了六岳的说法，彰显了明代武当山的特殊地位，并且指出了古今山志从修志动机到志书内容的重大转变。该志内容多辑自旧志
清代康熙十四年	《大岳太和山志》	杨素蕴修，王民皞、卢维兹等纂	清代第二部武当山志
清代雍正四年	《武当山部汇考》	陈梦雷、蒋廷锡等	清代第三部武当山志，也是武当山又一部辑录体志书。凡四卷，约5.5万字，有图、考、艺文、纪事、杂录、外编等内容。该志搜讨群书、征引广泛，辑自王民皞山志者尤多
清代乾隆九年	《大岳太和山纪略》	王概	浓墨重彩地展示了武当山的历史，全面记述了武当山地区的自然景观和人文历史，论述了武当山保护与发展的各个方面，诸如领导决策、规划制定等

3.3.2 武当道教的思想渊源

武当山是一座历史悠久的道教名山，由于清幽而独特的自然环境，吸引了大量隐居修道之士来此修炼。虽然作为道教支派的武当道教形成较晚，但追溯其历史渊源主要受原始宗教和荆楚巫术以及玄武崇拜的影响。

（1）原始宗教和荆楚巫术

武当山周围的房县、丹江口市及均县一带是中国先民居住之地，多有石器时代遗址；而人类的宗教观念大约产生于旧石器时代晚期，至新石器时代已经逐渐成熟。从房县七里河新石器时代多人合葬墓中发现的“拔牙”和“猎头”风俗看，早在七八千年前，汉江流域就已经有了原始宗教崇拜。原始宗教中的山岳崇拜、星辰崇拜、图腾崇拜、生殖崇拜等，都在武当山的民俗中留下了深刻的印记，而这些古代的宗教观念和信仰正是道教信仰的主要来源。

同时，楚文化是道教的主要源头之一，包括武当山在内的汉江流域正是荆楚文化的发源地，据考古发掘，楚文化“信巫鬼、重淫祀”的特点在武当山及周围地区也有明显的反映。

（2）玄武崇拜

武当山信奉的主神真武大帝，又称玄天上帝或祖师爷，来源于中国古代宗教中的玄武崇拜。玄武的起源及演变颇为复杂，学术界众说纷纭，总体上与人类早期的动物崇拜和星辰崇拜有关。

“玄武”最早见于《楚辞·远游》。宋代洪兴祖《远游》补注称：“*说者曰：玄武为龟蛇，未在北方，故曰玄；身有鳞甲，故曰武。*”龟蛇在原始动物崇拜中，被视为灵物、神物，并作为部族图腾。据新石器时代的考古资料可知，龟甲随葬遍布全国，而这种灵龟崇拜的观念到殷商时代就已经发展为龟卜信仰，即认为神龟通人、知吉凶，可充当神与人交流的媒介。古人对蛇的崇拜由来已久，《山海经》中描绘的许多神灵都是蛇首、蛇身，或是手持双蛇、耳挂两蛇。至于龟蛇缠绕一处，古人认为更具灵性，不可侵犯，若将其打死则会招致灾祸。

玄武与青龙、白虎、朱雀一起被称为四神、四灵、四象。殷代前后，古人就把春天黄昏时出现在南方的若干星星想象成为一只鸟形，同时把东方的若干星星想象为一条龙，西方的若干星星想象为一只虎，北方的若干星星想象为龟蛇。随着天文学二十八宿体系的形成，每七宿组成一种动物形象，即四象或四宫，其中北宫玄武七宿分别为斗、牛、女、虚、危、室、壁。古代的星辰崇拜把玄武的神格地位进一步抬高。

到春秋战国时期，五方配五色等五行之说流行，四神、四象被纳入五行系统，具备了“镇北方、辟不祥”的守护神职能。到秦汉时期，皇宫常用四象来

1 伍成泉. 试论武当道教的初期发展［J］. 华中师范大学学报，2011（7）：114-121.
2 王光德，杨立志. 武当山道教史略［M］. 北京：华文出版社，1993.
3 王光德. 武当山与道教［J］. 中国道教，1988（2）：11-12.

命名四方的门阙殿楼。在保存至今的西汉宫殿建筑构件——四神纹瓦当上，可以清晰看到四神的形象。东汉后期道教兴起之后，玄武与青龙、白虎、朱雀一起作为道教的护法神，以壮威仪。北宋以前，北宫玄武已经人形化，成为道教信仰的中天北极紫微大帝属下的四员大将之一，号称玄武将军。唐末宋初的道教经书中常常说到北帝率天蓬、天猷、翊圣、玄武四圣降妖伏魔，制服一切鬼神等故事。虽然“将军”之称是对小神的称呼，其神格不高，但玄武的形象已经人格化，由四象系统上升到四圣系统，为后来演变为道教大神奠定了良好的基础。

3.3.3 武当道教的发展历程

道教创立于东汉时期，是中国土生土长的宗教，经过长期发展而形成。武当道教是中国道教的重要支派，学界对其的研究，多偏重于元代以后，由于资料匮乏，对于隋唐以前大多不详。

武当山作为中国著名的道教圣地，自汉代起就因僻静的地理位置和良好的自然环境吸引了众多的隐居者，佛、道教活动都十分频繁[1]。魏晋南北朝以后，武当道教与全国的道教一样，主要目标开始转向追求神仙世界中的长生不老；唐代，随着全国道教进入全面的发展期，武当道教也有所发展，并开始得到皇帝的重视，值得一提的是，因求雨得应，唐太宗李世民下旨兴建五龙祠；宋代是道教发展的又一高峰，武当道教正式形成，并发展为以重视孝道和内丹修炼为主要特征的真武道场[2]；到了元代和明代，帝王们更加重视武当山，武当道教也随之发展到了顶峰，尤其是明代，在道教领域中更是取得了独尊的地位，几乎囊括了道教领域的所有派别，影响波及全国，甚至影响到日本和东南亚地区[3]；即便到了清朝，武当道教仍具有较大的影响。

武当山道教活动历史悠久，道教文化博大精深。武当山道教宫观作为宗教园林，是武当山道教活动的重要载体。它是道教居士修行、祭神、举行宗教仪式以及日常生活起居的场所，反映了中国的本土文化。道教宫观文化是道教文化的重要组成部分，道教宫观建筑、美术以及音乐都是神学思维下的艺术表象。此外，武当山及其七十二峰、三十六岩、二十四涧等自然景观的命名，也深受道教文化影响，蕴含着浓厚的宗教色彩。它们或体现了道教的教理教义，或宣扬了道教的神仙信仰，反映了道教长生久视、天人合一的文化追求。

武当山道教的主要宗教活动是清修与斋醮。清修，主要指道士们的修炼，道教认为“朝夕诵念”，乃“出家之上事，丈夫之道德”，是“升仙者之梯蹬”。日常必修功课包括早坛和晚坛。斋醮，即供斋醮神，借以求福免灾。其法为净心洁身，筑坛设供，书表章以祷神灵。《云笈七忏》卷一百三载，结坛之法有九，上三坛为国家设之，中三坛为臣僚设之，下三坛为士庶设之。元、明时期，武当山道教主要为帝王建醮祈祷；清代以后，斋醮祈祷活动转向民间。

（1）唐以前武当道教的起源

西汉时期，早期的众多丹鼎派道士隐居武当山，师徒之间传道授业，切磋道家思想，举行道教活动，进行自身修炼。有通过行气、导引、呼吸吐纳等方法在体内炼丹的修炼内丹者；有以特异的矿石为原料，用炉鼎来烧炼丹砂的研制外丹者；也有走进漫山遍野、山林竹溪中的采制草药者。虽名目不同，但来到武当山之地，多为了退隐尘世、拜师求道、潜心修炼，大多居住在石室岩之中，活动分散。有时授徒达数十人，开始形成若干个神仙道教团体，武当道教初见端倪。但丹鼎派的炼丹之术耗费颇大，并且大多教徒只为隐居修炼以求成仙，并不重视斋祀等群众性的宗教活动。群体意识的缺失不易于形成严格的宗教团体和组织，也就没有诞生正规庙观。

在社会动荡、战乱频发的魏晋南北朝时期，人们的生活水深火热、民不聊生。人们将对安定生活的向往寄托于宗教信仰，为道教发展提供了良好的客观条件。但是统治阶级对道教戒备森严，为维护其基本利益而镇压民间宗教的事情时有发生，因此民间道教不得天日，常常只能用分散、隐蔽的方式远离监管，在偏远的地区甚至回归原始的巫术习俗中。在华中地区的隐居修道者往往就会选择武当山作为修炼之地，因此，这个时期，武当山已经成了隐居者聚集的理想仙境。

隋唐时期，道教呈现全面发展的态势。李唐王朝崇奉老子，尊老子为“圣祖”“玄元皇帝”，扶植道教，提高道教的地位，从此道教呈现出了繁荣昌盛、全面发展的局面，武当山道教随着社会的认可也得到了大发展。虽然著名道士不多，但民间祭祀的有关神灵如五龙已经受到皇室注意。五龙之说，始于东汉，各地多有，或遇岁旱，设五方龙像以祈之，故曰五龙。贞观年间（627～649年），天下大旱，蝗虫成灾，老百姓背井离乡，朝廷下令祈祷于名山大川，当时皇帝任命姚简为武当节度使均州刺史，到武当祈求下雨。姚简历经千辛万苦来到乌龙岭，遇见五个老头替老百姓求雨得应，唐太宗下令在姚简遇见五龙君的地方修建了“五龙祠”，这是古代山志记载的由皇帝敕建的第一座祠庙。虽然在唐朝司马承祯（646～735年）编撰的《天地宫府图》一书所列的道教十大洞天、三十六小洞天、七十二福地之中，还没有武当山之名，但到唐末杜光庭（850～933年）编《洞天福地岳渎名山记》时，武当山已被列为七十二福地中的第九福地。这表明武当山作为道教名山，在唐末地位已有了较显著的提高。唐末五代时期，中国经历了近百年的大动乱，政权更迭频繁，社会动荡不宁，一些儒生和失意的贵族官吏为避乱而纷纷隐于山林。此时，武当山隐居修道者也增加了许多，其中有些看透世态炎凉、独善其身、潜心研究

1 伍成泉．试论武当道教的初期发展［J］．华中师范大学学报，2011（7）：114-121.

道教学术者，成了真正的方外之士。陈传是五代宋初道教内丹学、易学的重要代表，他提出的“道”与“器”、“体”与“用”等范畴[1]，对宋明理学产生了广泛而深刻的影响。

（2）宋元武当道教的发展

宋代是道教发展史上的又一个高峰时期，也是武当山真武神信仰兴起和武当道教形成的时期。武当山道教形成于宋代，当时的修炼者都崇拜和信仰真武神。在北宋广为流传的道经有记载说真武神就发源于武当山，宋代《图经》称“今五龙观即其隐处”。北宋宣和年间（1119~1125年）始建紫霄宫，徽宗给以“敕额文据”，宋代文献还有关于民众祭祀真武的记载。显然，北宋时武当道教已形成相应的教团组织，拥有众多的下层信徒，建有宫观等宗教活动场所。北宋灭亡后，南宋与金对峙争战，位于襄阳附近的武当山“百年之中，三罹劫火”，武当道教的发展受到影响。不过，由于宋皇室奉祀真武，对武当道教也颇为关注，绍兴辛酉（1141年）茅山高道孙元政入武当兴复五龙诸庙，宋高宗诏赴阙廷，符水称旨，敕度道士十人。孙元政所传道派虽属茅山宗，但长期在武当山传承，奉祀真武，遂形成武当五龙派，该派融合了儒、释、道三教思想，强调忠孝伦理，以奉真武神为雷部祖师，传习上清五雷诸法，倡导“内丹外用”“内道外法”，擅长符水、禳袷、驱邪为其主要特征。宋代由于百姓信仰真武，道教思想广泛传播，民间信徒到武当山朝拜进香的民俗大大兴起。宋元交兵时，武当山宫观多有被毁，道众四处流散，进入民间传教。

元代武当山道教的发展与元皇室对它的重视和扶持是分不开的。同宋代一样，元皇室重视武当道教是从崇奉玄武神开始的，据碑铭、史志记载，早在元朝正式建立之前，蒙古国大汗忽必烈为了神化自己的统治，就已开始奉祀玄武神。由于武当山是玄武飞升之地，是祭祀玄武神的最主要道场，因而忽必烈及皇后崇奉玄武神也为元朝统治者重视和扶持武当道教奠定了基础。元朝建立之后，统治者为了巩固统治，缓解统治阶级和人民大众的矛盾，笼络民心，提倡宗教，道家思想在这个时期被统治阶级利用，武当道教在这种社会背景下呈现出十分兴盛的局面。北方兴盛的全真派、南方流行的清微派与正一派等先后传入武当山，与武当山原有道派相融合，遂形成以奉祀玄天上帝为主要信仰，既重视修炼内丹，又擅长符箓斋醮的新武当派。元初，吉志通、汪贞常入武当传全真道，修复宫观，度徒百余，武当山是元代江南全真道的最大活动据点；不久，叶云莱入武当传清微派，度徒颇众，是清微法集大成者黄舜申门下的重要支派；武当道士鲁大宥收张守清为徒，张博采全真、清微、正一等派之长，创新武当派，奉旨管领教门公事，授徒数千人，使武当派教团组织发展迅速。《总真集》称五龙宫“每岁上巳、重九，行缘受供，遏者辅揍”，可知当时香火盛况。元末，武当山区战乱频繁，道众流散各地，宫观庵庙毁于兵乱。

（3）明代武当道教的鼎盛

明代是武当山道教发展的鼎盛时期。太祖以后明室诸帝皆信奉道教神灵，并广设斋醮、崇尚方术、任用道士，致使职业道士数量增多，宫观祠庙遍布全国。上行下效，明代许多官吏也奉道习术。至于下层民众，本来就存在道教习俗，由于皇室的崇奉和扶植更加炽盛，道教与社会生活和民间风俗的联系也更加密切。

明代武当道教就是在这种历史背景下恢复发展起来的，并由于明皇室的崇奉和大力扶植，呈现出鼎盛局面。明成祖朱棣夺取皇位后，将真武神奉为皇室的主要保护神，并大力扶植武当山道教，把武当道教推上了顶峰。明成祖以后的明朝历代皇帝即位时，都要派专使到武当山致祭。他们对成祖制定的崇祀真武、扶植武当道教的政策措施，都虔诚奉行，并不断补充完善。

明代武当山荟萃了全国十余个流派的高道焚修办道，各大宫又建钵堂以接待四方云游道士，并允许无度牒者在小宫观里焚修，这就使武当山变成各地道士定期朝奉的“圣山”，成为明代全国道教文化的交流中心。永乐以后，全国各地民众到武当山进香的活动日益炽盛，北方晋、陕、豫等省及南方各省民众都有定期朝奉武当的风俗。江浙一带甚至每年组织约“百十艘”的进香船队朝武当。

明代武当道教的鼎盛，还吸引了众多贵族官僚、文人墨客赞美咏颂。据山志、碑碣及明人文集粗略统计，现存明代诗、歌、赋、序、游记、碑铭等共一千余篇。其作者多为名人，这些名人的咏赞扩大了武当道教的社会影响，丰富了武当山山水文学的内容。此外，还有六部由道士、藩参、太监等编写的明代武当山志，记载了明代武当山道教的盛况，是广大研究人员了解、考察、研究武当山的发展经历和道教文化的宝贵资料。

（4）清代至民国武当道教的逐渐衰落

清朝之后，由于统治者的立场和政治的需要，武当山道教失去了皇室家庙的种种特权，加上鄂西北山区的频繁战乱，武当山道教也逐步从鼎盛走向衰败，但是在两百多年的清朝历史中，武当山仍然保持着教团体制，道教团体组织并未解散，期间由于著名高道或教团领袖的苦心经营和努力，还出现过短暂的复兴局面。而各地百姓依然对武当山真武神无比崇拜和虔诚信仰，武当山香火依然旺盛，朝山进香活动在民间仍然广泛流行。

20世纪是中国社会由传统文明向现代文明转化的时期，各个社会阶层和各种社会力量都经历了前所未有的大变迁，而民国时期更是社会动荡不宁、兵灾匪患盛行的时代。因此，武当山道教在这数十年历程中也几经磨难，有短暂

1 杨立志．武当文化概论［M］．北京：社会科学文献出版社，2008.

的兴盛，也有沉寂和衰落，甚至面临过被地方政府“取缔”的危险。

（5）中华人民共和国成立以来武当道教的新发展

1949年中华人民共和国成立后，采取了“宗教信仰自由”的政策，武当山道教得以合法存留。但在“文化大革命”期间，“破四旧”观念使宗教信仰自由政策遭到扭曲和践踏，道教也被视为封建迷信，武当山道教处境举步维艰，修炼者纷纷离开宫观，有组织的道教活动基本中止。

改革开放以后，随着党和政府宗教信仰自由政策的落实，武当山道教也逐步恢复了一些活力。1984年以后新老道长的自然更替为武当山道教的振兴和发展创造了良好的条件，武当山道教协会的成立也给武当山道教的复兴带来了新的希望。武当山道教协会是新时代武当山道教界的爱国团体，它屏除了旧社会武当道教为封建专制皇权服务的政治功能，明确提出团结全山道徒，继承和发扬道教优秀传统，爱国爱教，积极参加社会主义建设的宗旨。近20年来武当山道教有了新的发展，这主要表现在努力提高道士素养，加强自身建设；积极维修宫观，开展道教活动；重视道教学术研究，弘扬道教文化；注重道教交流，发展友好往来等方面。尤其重要的是，道教开始不信鬼神，开始研究科学的养生法，通过科学养生知识的传播，使道教和中医相结合，重新认识和理解天、地、人三者合一，精、气、神三者合一的最高境界，这些变化也使武当山道教的发展有了新的希望。

3.4　武当山景观格局的形成与发展

武当山始建于隋唐，发展于宋元，大兴于明朝，既是中国的文化遗产地，也是世界文化遗产地。武当山景观是经过历史的长期作用发展演化而形成的，具有宗教和皇家双重特征，在中国古典园林史中特别是明史中占有重要地位。自唐以来，武当山景观无论从规模、地位，还是空间格局上都有很大的变化。可以说要理解中国道教园林和皇家园林的发展历程，对武当山景观格局变迁的研究是必不可少的。

长期以来关于武当山的研究多集中在兴建原因和建筑构成等方面，且大多停留在概论阶段，未有针对其景观格局历史变迁所做的研究。唐、宋元、明、清至民国和现代是武当山道教的5个不同发展阶段[1]，本文在整理武当山的各类志书和其他历史资料的基础上，通过实地调查分析，还原出5个历史时期武当山景观分布图，并结合当时的社会经济、自然地理、宗教和政治的发展情况对武当山景观格局的变化特征进行阐释，以探明武当山景观格局的变迁过程及其驱动力，从而为武当山景观的整体保护和可持续发展提供依据。

景观节点、道路神道和景观序列是景观格局中重要的组成部分和影响因素。由于山形水系在丹江口水库蓄水前变化不大，而植被栽植情况历史记载十分有限，可查的历史遗存甚少，且所牵涉的分析内容庞大，故将其作为以后的研究课题。本研究只就景观节点的分布及规模、道路神道的形态和重要性，以及景观序列的变迁3个方面进行分析考察（图3-5）。

景观节点是突出景观变化的重要标志和转折点，起到画龙点睛的作用，它的分布、相互之间的关系以及各自的规模都对整体的景观格局有很大的影响。武当山是宗教圣地，它的景观与宗教活动紧密相连，景观节点为道教供奉、祭祀神灵的殿堂，它们大多也是道士长期生活、修炼和进行宗教活动的场所。因而武当山的景观节点主要以建筑的形式体现，品类丰富、功能各异，形成了一个以宫观为主体，庵、祠、庙、岩洞等小建筑相结合的悠然而安详的空间环境。

每一座名山的形成一定是伴随着道路建设的发展而进行的，道路作为景观节点的沟通纽带，既是各界人士朝拜、游览武当山的通道，又与武当山宫观的修建、民众的进香活动紧密相连。同时，道路神道又是园林景观的重要组成部分，起着组织空间和交通联系的作用，与建筑、水体、山石、植物共同组成丰富的景观形象，它作为引导游人观赏景物的驻足空间，是组织各种活动的基本条件。所以说，道路神道的修建与武当山景观格局的变迁密切相关。本文所研究的是武当山各历史时期的主要交通道路和园路神道，包括现代的游览道路、索道和古代的神道、官道、粮道等。虽然乡间小路也起到一定的交通联系作用，但由于历史资料记录较少，且对景观格局影响不大，故不做研究。

景观序列是景观节点的有序排列，它包含了两种含义：第一，自然客观景物按一定次序铺开，体现了时空运动的特点，是景观环境的具体组合；第二，朝拜者与游人对景观变化的主观感受，这种感受来源于本能反应，同时又夹杂着情感升华，超越于具体的客观景物，是“意”与“境”的综合。武当山的景观是以真武修仙传说故事为蓝本，而游人正是通过有序的空间游览而认识景观，所以游览的序列就极为重要了。

3.4.1 武当山的初建——阶段Ⅰ：唐代以前（959年以前）

武当山有史可查的建设始于唐代，唐太宗因均州太守姚简在武当山祈雨灵应而敕建五龙祠。在此带动之下，太乙、延昌、神武公、威烈王、黑虎庙等宫观庙宇相继落成，并成为唐肃宗、代宗两位皇帝用来“奉国师之隆仪”的地方。据记载，唐朝时南岩、紫霄等福地已经被发现，但地位远不及五龙。

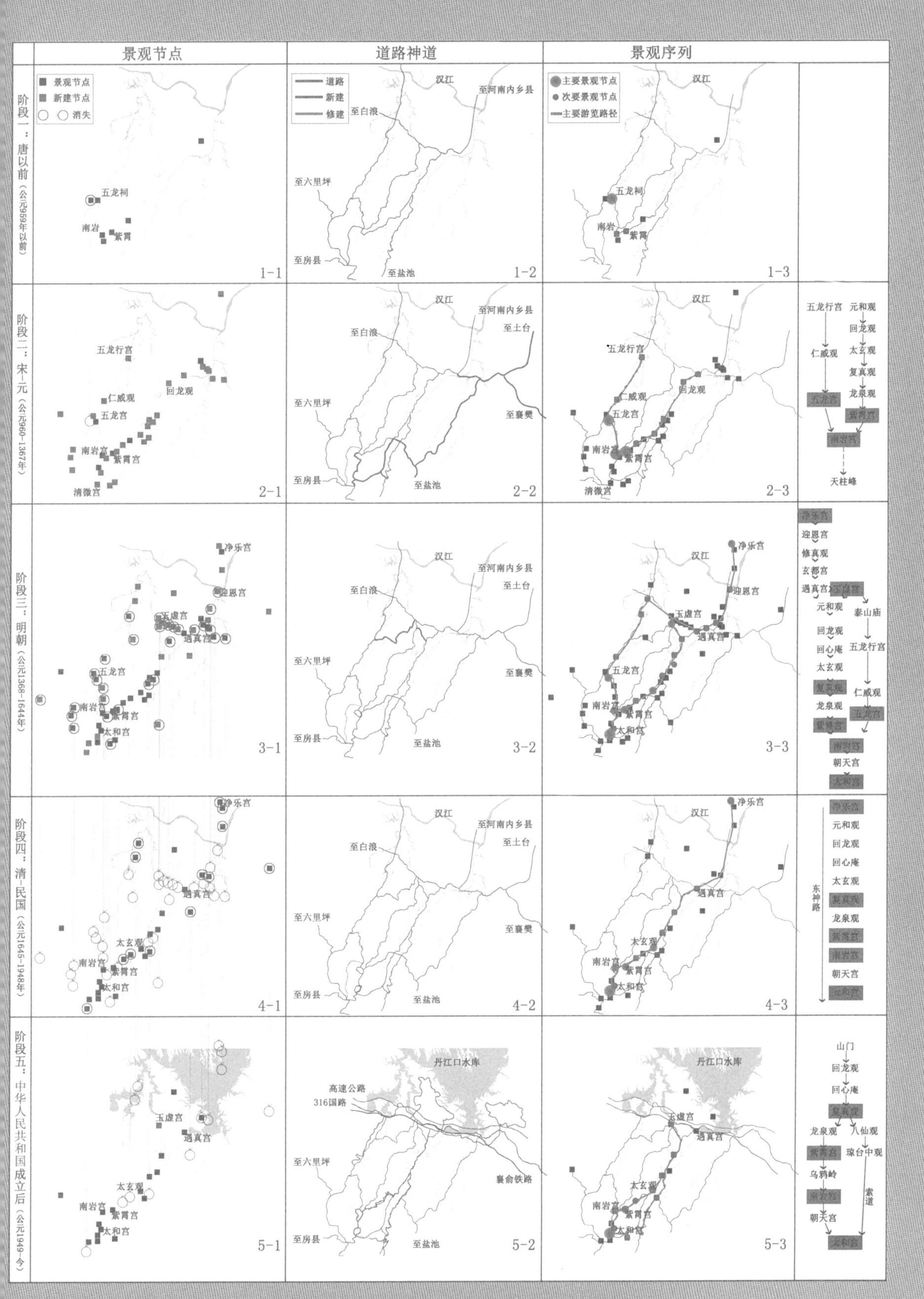

图3-5　武当山景观格局变迁过程

武当山当时的交通极为不便，山路崎岖、人际罕见或滩多流急。严耕望《山南境内巴山诸古道》一文描述为“惟重峦叠嶂，山水险阻，仍感行旅维艰”。有记载古道主要为古盐道、古粮道和古官道。内白古道起自河南内乡县，途经武当山脚至白浪，平均海拔120m，此路历史悠久，沿线分布大量石器时期以来的古代遗址，是历史上武当山山下的主要道路。古韩粮道起自玉虚宫，经天柱峰西至房州，是春秋战国时期运粮之道，据推测应为唐代武当山山上的主要道路。此外，按推测古道应当随宫观落成而形成。

总体上看唐代武当山以五龙为核心景观，全山主要景观节点集中分布于西南部，呈散点状布局，没有构成严密的景观体系。

3.4.2 武当山的发展——阶段Ⅱ：宋元时期（960～1367年）

宋代是武当山真武信仰兴起和武当道教形成的时期[1]，皇家和道教在建造宫观殿宇方面都起到了很大的作用，宋真宗下诏将五龙祠升为五龙宫，宣和中道士重修紫霄宫。据相关史料记载，宋代武当山已落成“五龙宫”“紫霄宫”“南岩宫”“王母宫”等宫及“佑圣观”“云霞观”“太上观”“威烈观”“玉仙观”五观和“自然庵”“大顶圣坛”等景观节点。据《玄天上帝启圣录》记载，宋代武当山九宫皆备[2]。元仁宗皇帝自命“受命天地合德”，格外青睐武当山，亲自召见武当山德高望重的道士，并直接管理武当事务。在此背景下，武当道教和建筑很快得以复兴和发展。据不完全统计，至元代全山已建有十六宫、十九观、十一庵、十九庙、四祠、十道院、三寺院、五亭、六台、一坛、十二池、三井、二十四桥。以屋宇为单元的景观节点八十多处，在全山形成了一个庞大的景观体系。

武当山神道有规模、有组织的修建始于元代。元初《大元混一方舆胜览》记载，天柱峰“在武当山上，有三仙门”[3]，由此可见宋天柱峰一二三天门已落成，南岩至天柱峰道路随之诞生也没有疑问。著名道士张守清对武当山的道路进行了全面整修，不仅打通了“山趾绞口-紫霄宫-南岩-五龙宫-山趾嵩口”两条上下山的道路，而且南岩宫的道路“石径”也已完成[4]。由于历史原因，武当山神路以西神道为主要上山神道，道路格局已经初步形成，为明代的大兴打下了坚实的基础。

经过宋元的扩建变以“五龙”为中心的景观格局为“五龙-南岩-紫霄”三足鼎立的景观格局。但由于五龙宫在前朝的特殊地位，元代西神道的地位较东神道重要，从元代隐士罗霆震所著诗集《武当纪胜集》的顺序来看，游览顺序应为由嵩口经五龙宫至南岩宫，下山经紫霄宫至山趾绞口[5]。可见，此时景观游览序列和真武故事传说还没有完美结合。

1 王光德，杨立志．武当山道教史略［M］．北京：华文出版社，1993.
2 元・张守清等．玄天上帝启圣录［M］．北京：文物出版社，1988.
3 刘应李．大元混一方舆胜览［M］．成都：四川大学出版社，2003.
4 杨正泰校注．天下路程图引［M］．太原：山西人民出版社，1992.
5 道藏：影印本［M］．北京：文物出版社，1988.
6 张良皋．武当山古建筑［M］．北京：中国地图出版社，2006.
杨立志．点校明代武当山志二种［M］．武汉：湖北人民出版社，1999.
7 梅莉．明清时期武当山朝山进香研究［M］．武汉：华中师范大学出版社，2007.
8 王概．大岳太和山纪略［C］//故宫博物院．故宫珍本丛刊（第261册）．海口：海南出版社，2001.

3.4.3 武当山的鼎盛——阶段Ⅲ：明朝大兴（1368~1644年）

明成祖因政治需要大兴武当，历时13年，动用30万能工巧匠和劳工不计其数。整个修建过程全部由朝廷安排，经统一规划、统一投资、统一建设共建成静乐宫、遇真宫、玉虚宫、五龙宫、紫霄宫、南岩宫、太和宫七座大型宫殿，太玄观、元和观、复真观、回龙观、仁威观、威烈观、八仙观、龙泉观、太常观九座道观，以及附属三十六座庵堂、七十二座岩庙，数百计石墙、牌坊[6]，并巧妙地将武当山变为皇室家庙，之后的6位皇帝都在登基之年朝拜、致祭真武大帝（图3-6）。嘉靖年间，又重修武当山，将其推向辉煌，从均州静乐宫到天柱峰太和宫沿途60km布满了建筑群组，将武当山装点成人间仙境。

明代新开辟的神道并不多，大都是在元代武当山神道的基础上进行大规模修筑、维修。明修神道多为巨石铺砌，山下部分平坦宽阔[7]，登山石阶规则整齐，险陡之处有石雕栏杆或铁索保护，神道两旁还开凿边沟以利于排水。为方便朝山，沿神道建有供香客和游人休息的亭台与居所，武当山游览和生活设施都比较完备。此外，由东神道经天门直上金顶的神道取代以五龙宫为中心的西神道成为武当山的主干道。明代是武当山神道的定型时期，影响至今。

明代皇帝通过将武当山的整个工程进行修建，变真武修道升仙的“福地”为真武坐镇天下的“圣地”，将原来的道教活动中心从五龙宫、紫霄宫、南岩宫延伸到天柱峰，形成了以太和宫金殿（图3-7）为中心[8]、全山建筑与之吻合的景观格局，并完善真武传说和以真武故事链条为序列的景观格局。

明代以东神道为主游览干道，结合各区域的自然地理条件，并经巧妙的布局将均州静乐宫至天柱峰太和宫构思为人、地、天的景观格局。从静乐宫至玄岳门地势平坦为“人”的景观格局，并将起点静乐宫附会为太子出生之地，整

图3-6 太和宫灵官殿外排放的六块圣旨碑记录着明朝历代皇帝在武当山举行的斋醮活动

图3–7　金殿是武当山在皇室扶持下走向鼎盛高峰的标志

个区域充满人间的氛围；由玄岳门至南岩山势起伏为“地”的景观格局，沿途景观按照真武受点化、修炼、飞升成仙的传说展开；由乌鸦岭至金殿为“天”的景观格局，山势陡峭，节奏变化快，通过时间上的渐进和空间上的变化诱发人们产生敬畏的心理，塑造真武坐镇天下的景观氛围。“人”的部分为山下的部分，“地”和“天”的部分为山上部分。由于五龙宫距天柱峰较远，且与真武传说联系不大而逐渐被忽视，最终形成了以太和宫为中心景观、以紫霄和南岩为重要景观节点的山上景观格局，和以静乐宫、玉虚宫为中心景观节点的山下景观格局。

3.4.4　武当山的衰败——阶段Ⅳ：清至民国（1645～1948年）

随着朝代的更替，清朝后，皇帝有意抑制武当山的发展，地位大为下降。景观或遭兵灾匪患而多有焚毁，或因年久失修而自然坍塌[1]。清代地方官和道众、信士及康熙皇帝赐银和保护仍未能恢复明制，更糟兵灾匪患，清朝末期全山仅存3000余间殿宇。民国期间战事纷纭、社会动荡，统治者无力顾及武当山，全靠地方官与道士募化修葺和保护。至1948年，全山只剩下庙房2000余间和数百处残垣断壁遗址，道众200余人[2]。

从文字记载和碑文中可见，与明代大规模修建神道不同，清代维修的重点是一天门至金顶的神道。而新修的神道只有一条，即从朝天宫至东沿百步梯、分金岭至金顶约8里（1里=500m），较明代由朝天宫西行经一二三天门至金顶的古神道平坦易行。民国时期除开辟了一些公路外，没有对神道进行修葺。总的来说，清代至民国只是对明代神道有所修复，基本上沿用明代神道。保留至今的明清两代路程图引所记载的武当山道路均为东神路[3]。

清代至民国，西神道沿途景观节点毁坏较为严重，东神道山下部分也多遭到破坏，但总的来说从静乐宫至太和宫的景观格局总体上没有改变。

1 武当山志编纂委员会. 武当山志［M］. 北京：新华出版社，1994.

2 王光德，杨立志. 武当山道教史略［M］. 北京：华文出版社，1993.

3 杨正泰校注. 天下路程图引［M］. 太原：山西人民出版社，1992.

3.4.5 武当山的新发展——阶段Ⅴ：中华人民共和国成立后（1949年至今）

“文化大革命”时期文物古迹遭到破坏，道教活动被禁止，大多道士离庙他往，庙宇被改造成村委、学校等公共建筑，至今一些旧建筑还留有当时的印记（图3-8）。后来，人民政府对武当山古建筑群及遗址采取了一系列保护措施。国务院先后将太和宫金殿、紫霄宫、玄岳门、南岩宫、玉虚宫遗址列为全国重点文物保护单位，省政府将全山建筑都列为省级重点文物保护单位。五十多年来，各级政府拨款数千万元对宫观建筑进行保护和维修，使武当山的部分宫观改变了残破不全的面貌，重现了宏伟壮丽的景观。但是，距明朝鼎盛时期武当山的面貌和建筑规模依然相差甚远。

随着全国交通事业的发展，武当山山下的铁路、公路和高速公路都建立起来，增加了武当山的可达性。同时，山内也修建公路及缆车，将古代完全依靠步行的游览方式转换为车行和步行相结合的方式，极大提高了游赏的便利条件。随着丹江口水库的蓄水成功，“地”的景观序列被淹没，但山上部分的景观格局直至今日依然清晰可见。

图3-8　老君堂被改造成了小学，如今已经废弃

3.5 武当山风景发展的影响因素

以崇奉真武神为信仰的武当道教形成于宋代，虽然元朝时期武当山建筑规模、道路质量都较明朝鼎盛时期相差甚远，且景观序列有所不同，但武当山山上部分的重要景观节点和整体道路系统在元朝已经形成，继而明确了武当山的景观格局在元朝已经初步形成；而明朝作为武当山兴旺发展的时期，景观规模以前朝形成的据点大为扩张，景观序列也按照真武传说故事序列进行调整，景观格局得到进一步完善，并达到顶峰。清至民国时期各景观节点遭到很大的破坏，而近年来丹江口水库蓄水导致山下部分的景观格局被淹没，但是，武当山山上的景观格局依然保存至今。

武当山景观格局变迁的主要驱动力为人类活动，既表现为宗教活动、政治活动，也表现为人类为争取更好的生活环境而做出的改变。

3.5.1 自然地理

武当山是中国历史上唯一一座由帝王统一规划、统一修建、统一管理的名山宗教圣地。武当山的兴建得益于它的地理位置：首先，武当山处于中国南北方的交界带，并且大致位于中国明朝版图的中央，明代皇帝选择武当山建立家庙，符合中国传统思想中的“尊者居中”思想；其次，古代水路交通为主要的远途交通方式，武当山距离汉水很近，方便运输；第三，山下的均州也是古代重要的城市，为武当山的兴建提供了良好的经济基础。

图3-9 层叠的云海使武当山宛若仙境

自然条件既是武当山景观格局形成的基础，也是景观破坏的主要因素。武当山地区气候温和，湿润多雨，土壤肥沃。因南有大巴山脉为屏障，阻碍了夏季南来的热流；北有伏牛山作屏障，阻挡了冬季北来的寒风，使得终年温差变化较小，气候宜人，古人称“冬寒而不寒，夏热而不热”。由于降雨量大，沟壑纵横，夏秋多云海，冬春多雾气，这种独特的自然地理特征为实现仙境氛围提供了很好的条件（图3-9、图3-10），是武当山景观格局形成的基础。同时，因为地处山区，泥石流、山洪等自然灾害频繁，长期以来这些自然灾害成为武当山景观格局破坏的主要因素，其中对当今景观格局破坏最严重的一次是1935年爆发的山洪，使西部的景观格局遭到极大的损毁。

3.5.2 政治因素

武当山景观格局的变迁与历代皇室对它的扶持或压制是分不开的。唐朝起皇帝开始认识并逐渐重视武当山；宋元时期，由于真武神在封建王朝的统治者中具有较大威望，他们极力推崇和宣扬武当山真武神，使真武神在人们心里的地位快速提高，宋朝时加封真武号为“真武灵应真君”，宋仁宗推崇真武为

图3-10 武当山云海

"社稷家神"[1]，使武当道教得到进一步发展；元朝时，武当道教备受皇家的恩宠，成为皇室家庙，很多高道汇集于此，各地道士定期朝拜，武当山成为"告天祝寿"的首选福地，并成为全国重要的道教圣地；明成祖为正名大兴武当，使武当山成为明皇室家庙，武当山也迎来了历史上最大规模的兴建；清以后朝廷限制武当山的发展，以后的抗日战争以及"文化大革命"，任何一次时局的变化，都影响到武当山景观格局的变迁。甚至可以说，政治因素是武当山景观兴衰的决定性力量。

3.5.3 宗教意识

道教的发展是武当山景观格局变迁的基础。武当道教以宠信真武为基本宗教信仰，而武当山的景观格局也是以真武传说的故事为主要线索，可见武当山的景观格局与武当道教密切相关。此外，武当山作为道教圣地，在很长一段历史中道士和信士对武当山的建设都是武当山发展的主要力量，而更好的建设也为武当道教的发展提供了保障。因此，武当山景观的发展与历史上道教的兴衰变化相一致。可以说，武当山景观格局的变迁与道教的发展是相互促进的，并且明代以前宗教因素是武当山景观格局变迁的主要驱动力。

3.5.4 风水观念

道教是中国土生的宗教类型，武当山道教宫观的相地选址都深受中国传统文化的影响，而"风水"学是我国古代先民为选择理想的生活环境而形成的一种理论和居住实践的经验总结。武当山道教宫观作为宗教活动场所和个人修身养性之处，既需要突出仙境神域之特色，又要解决现实生活中所遇到的问题，因此必然非常关注风水。风水术热衷于追求"天人合一"的境界。

明初时期，武当山古建筑纷纷拔地而起。据史籍记载，当时武当山高道云集，张三丰、丘玄清、孙碧云等都是当时颇具名望的风水道士。这些人为武当山道教宫观的选址、布局、规划设计及建设都作出了诸多的贡献，使道教宫观与自然环境整体协调，可以说，武当山道教宫观是风水观念与环境意识的融合，道教教义与"天人合一"的境界蕴藏于其中，它的建造构筑了一个中国风水学的伟大作品。

3.5.5 社会经济因素

武当山的发展与社会经济条件息息相关，从历史记载可见，在社会太平、人民安居乐业时，武当山便能得到更好的建设。从宏观的空间概念而言，武当山是分割中国南北方秦岭山脉的支脉，自古为兵家必争之地，明以前的战争虽然破坏了当地的安宁，但在一定程度上改变了山区交通不便的条件，为之后的

1 王光德，杨立志. 武当山道教史略[M]. 北京：华文出版社，1993.

发展提供了一定的条件。明以后，无论是太平天国运动，还是抗日战争，都对武当山的景观格局造成了破坏。亚洲第一大人工湖丹江口水库的建设改变了武当山园林的山水关系，形成名山胜水相依的格局，同时也淹没了部分具有历史价值的人文景观。

3.5.6 建造技术

武当山道教建筑全面展示了明朝的建造技术成就。在传统的木构方面，武当山采用最高规格，如玉虚宫、紫霄宫、遇真宫。此外，武当山建筑受土家大木构架建筑影响，如太子坡五云楼的“一柱十二梁”，将正屋横屋的梁枋穿入将军柱卯眼，从而形成清晰明确的构架承力体系。同时建造时，砖、石、琉璃等无机材料被广泛运用，铜、铁、锡和黄金等金属也有使用，明代建筑的技术已开始从单纯的木结构走向砖石化、金属化。

3.6 小结

武当山景观格局的形成与发展是自然、社会、经济以及历史发展的映射，显示了政治、宗教与山岳风景的密切联系。以崇奉真武神为信仰的武当道教形成于宋代，武当山从元代就开始修建道路，建筑大建于明永乐年间。虽然元朝时期武当山建筑规模、道路质量都较明朝鼎盛时期相差甚远且景观序列有所不同，但武当山山上部分的重要景观节点和整体道路系统在元朝已经形成，景观格局基本确定。明朝作为武当山兴旺发展的时期，景观规模以前朝形成的据点加以扩张，景观序列也按照真武传说故事序列进行调整，景观格局得到进一步完善，达到顶峰。清至民国时期各景观节点遭到很大的破坏，而近几十年来丹江口水库的蓄水导致山下部分景观被淹没，但是，武当山山上的景观格局依然保存至今。

第4章

内容与要素——武当山风景体系的研究内容

4.1 山水

4.1.1 山水体系

武当山的山水体系是武当山风景形成的基础，早自洪积世（从2588000年前到11700年前），武当山地区受地质构造运动、冰川作用的影响，形成了独特的地貌。虽然后来不断受到山体滑坡、泥石流等自然灾害的影响，但是总的来说，大的山形水势并没有大的改变。

武当山高程从玄岳门至天柱峰金顶大致分为三段：第一段海拔在300m以下，地势较为平坦，与第二段有明显的断层分界线，分界线以进山大门为界大致呈西北-东南走向；第二段海拔300～800m，三条山脊线从天柱峰始，分别从北、东北、东三个方向呈辐射状向山脚散射，山谷汇聚雨水形成武当山主要的河流与山涧；第三段海拔范围大致在800～1600m，是武当山海拔最高、地形最陡峭的区域。

武当山南高北低，坡度总体上随着高度的增高而加大。海拔300m以下，由湖泊及小区域的平原组成，坡度一般在20° 以内，偶有30°～40° 的陡坡呈环状分布；海拔300～800m范围内，坡度大致在20°～30°，偶有超过40° 的陡坡分布在河流冲刷出的山谷两侧；海拔800m以上，坡度较大，几乎无平地，坡度在30° 以上，峰峦陡峭，众多名峰汇集于此（图4-1、图4-2）。

武当山主要水系是由西南向东北方向的山谷汇聚形成，主要包括东河、剑河、水磨河、西沙河、瓦房河、后河。其中剑河最长，约26.5km，河岸平均坡降为12%，在三大水系中最为平缓。研究范围内主要包含5个汇水区，包括东河流域、剑河流域、水磨河流域、西沙河-瓦房河-后河流域等。五大流域大致呈带状分布（图4-3），由西南向东北延伸，其中东河流域面积最大，约63.5km^2，分支较多较长，水网密度也最大。

武当山山体汇水区域基本呈带状分布，由南向北汇入丹江口水库流入汉水。受地形的影响，东河、后河、西沙河、瓦房河汇水线均匀分布在水系两侧；剑河汇水线多分布于西侧；水磨河汇水线多分布于东侧。其中东河的汇水区域分布最为广泛，汇水线也较其他河流长。

在盆地狭窄的出口处修筑水坝形成水库，武当山较大的水库有飞升岩水库、左家河水库、东河水库和剑河水库。其中，剑河水库最大总容量为1560000m^3，正常水位248.5m，后来扩容至3500000m^3；飞升岩水库次之，有效库容量为495000m^3；左家河水库、东河水库，容量较小。海拔超过千米以上的山区，多以自然蓄水与泵房供水池为主，实行多处分级提水，库容不大，以节水为主。

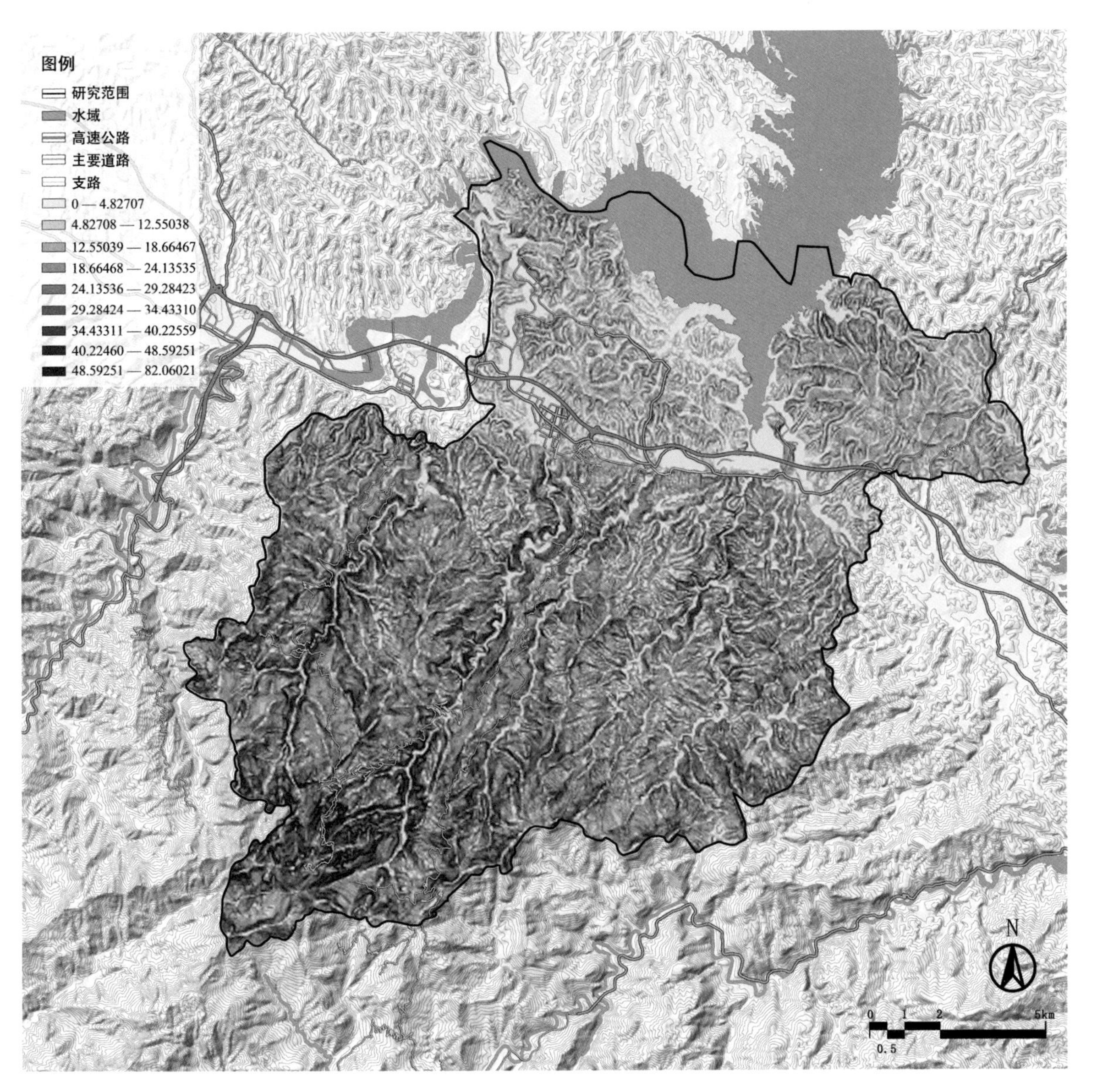

图4-1 武当山坡度

4.1.2 山水资源

早在元代，道士刘道明编集的《武当福地总真集》就对武当山的山水资源有了一定的描述。该书首列“武当事实”，然后分列“峰岩溪涧”“台池潭洞”“宫观本末”“神仙灵迹”“仙禽神兽”“奇草灵木”等节，记录了元代初期，武当山的自然风光、道教文物、神话传说，以及仙真和有名道士的事迹等。书中罗列了武当山“七十二峰”“三十六岩”“二十四涧”等山水景观资源，其大概内容如表4-1、表4-2所示。

图例
研究范围
水域
高速公路
主要道路
支路
平面（-1）
北（0—22.5）
东北（22.5—67.5）
东（67.5—112.5）
东南（112.5—157.5）
南（157.5—202.5）
西南（202.5—247.5）
西（247.5—292.5）
西北（292.5—337.5）
北（337.5—360）
N
0 1 2 5km
0.5

图4-2 武当山坡向

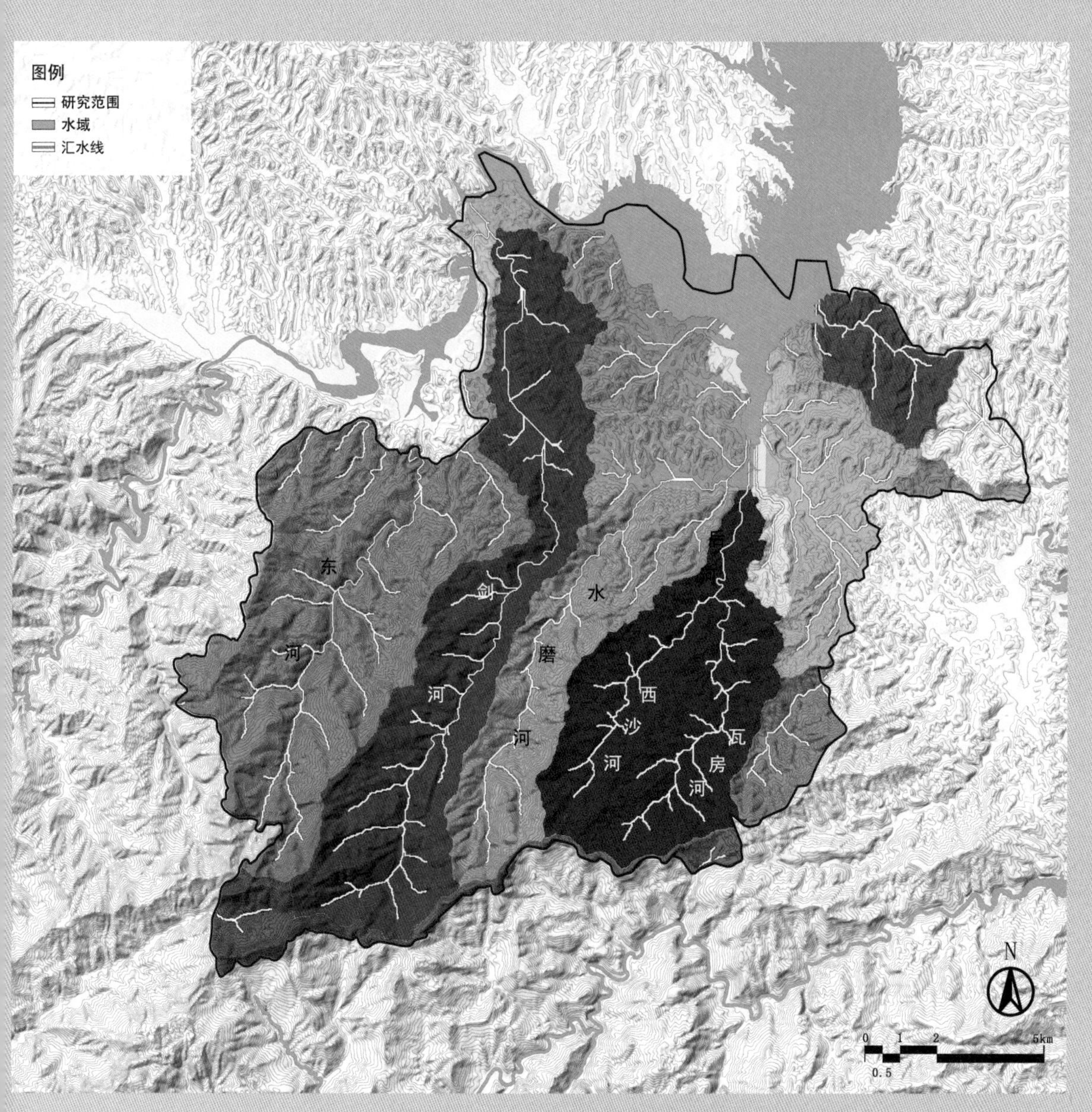

图4–3　武当山流域

七十二峰、三十六岩

表4-1

与天柱峰相对方位	七十二峰（海拔：m）	三十六岩
居中	天柱峰（1612.30）	
东北	紫霄峰（1566.00）、大笔峰（1286.00）、中笔峰（1269.10）、落帽峰（852.80）、太师峰（1417.40）、太傅峰（1433.40）、太保峰（1352.00）、始老峰（1002.00）、真老峰（954.40）、皇老峰（954.40）、玄老峰（1241.40）、元老峰（953.00）、仙人峰（1208.00）、香炉峰（535.00）、九渡峰（1015.00）、展旗峰（732.00）	玉虚岩、玉清岩、太清岩、三公岩、黑龙岩、升真岩
北	万丈峰（1257.00）、狮子峰（1114.40）、黄崖峰（1321.70）、贪狼峰（1098.90）、巨门峰（1124.10）、禄存峰（1231.00）、曲文峰（1211.00）、廉贞峰（1300.30）、武曲峰（1421.40）、破军峰（1455.00）、中笏峰（1502.40）、白云峰（786.40）、紫盖峰（1284.30）、桃源峰（620.10）、叠字峰（951.00）、金鼎峰（619.80）、伏龙峰、五龙峰、灵应峰、隐仙峰、阳鹤峰、金锁峰（604.20）、青羊峰（620.70）、七星峰（468.80）、系马峰（501.40）、茅阜峰（305.50）	紫霄岩、隐仙岩、仙侣岩、尹喜岩、五龙岩、太子岩、朱砂岩、藏云岩、皇后岩、白云岩、云母岩、杨仙岩、沈仙岩、卧龙岩、滴水岩、常春岩、谢天地岩、北斗岩、歘火岩、雷岩、仙龟岩、风岩、白龙岩、黑虎岩
西北	大明峰（1091.00）、健人峰（1368.70）、眉棱峰（720.00）、复朝峰（1254.50）	道者岩
东	显定峰（1569.00）、小笔峰（1327.80）、玉笋峰（1490.00）	
东南	灶门峰（1288.00）	碧峰岩
南	小莲峰（1556.90）、中鼻峰（1091.00）、聚云峰、手扒峰（989.00）、竹筱峰（1045.00）、搓牙峰（1250.00）、伏魔峰（1340.00）	集云岩
西	千丈峰（1250.40）、松萝峰（1490.50）、把针峰（1209.00）、丹灶峰（989.00）、鸡鸣峰（867.00）、鸡笼峰（905.30）、隐士峰（1215.40）	
西南	雷石峰（1242.00）、大莲峰（1559.00）、九卿峰（660.00）、拄笏峰（1297.00）、大夷峰（1013.00）、天马峰（1209.00）	天马岩、隐士岩

武当山二十四涧基本情况

表4-2

汇水	名称	概况
汇入曾河	大青羊涧	又名青羊河，俗称东河，在大顶之北，会诸涧而出曾河
	万虎涧	在大顶之北，汇入青羊涧
	牛漕涧	在尹喜岩下，汇入青羊涧
	桃源涧	源于紫盖峰，流经桃源峰下，由龙潭东入青羊涧
	小青羊涧	又名阳鹤涧，自阳鹤峰下，东入青羊涧
	金锁涧	均起自金锁、青羊两峰左右，汇入青羊涧
	飞云涧	
	瀑布涧	
汇入白龙潭	黑虎涧	两涧源于龙顶，汇于白龙潭
	磨针涧	

续表

汇水	名称	概况
汇入淄河	蒿谷涧	起自梅溪之东诸山之水，西入青羊涧，汇入淄河
	会仙涧	在五龙顶之北，诸峰之水汇入，北出蒿口，入蒿谷涧
汇入梅溪涧	梅溪涧	因近榔梅而得名，汇集武当以下诸涧，出梅溪庄即为曾河
	九渡涧	会诸涧之水而出，即为梅溪涧
	紫霄涧	三公峰之水转入紫霄宫，南迤，北入诸涧，入九渡涧
	武当涧	在大顶之东，由皇崖诸峰之水汇成，北入紫霄涧
	黑龙涧	香炉诸峰之水汇入，自龙潭飞流，东入九渡涧
	白云涧	在白云峰白云岩下，自五老峰出，入九渡涧
汇入西涧	西涧	自马嘶山龙井出而北，总汇西山诸涧
	金鸡涧	在大小金鸡峰之间，其水入西涧
汇入汉水	五龙涧	自伏龙诸峰之水，由雷涧入青羊涧、梅溪涧，为曾河，入汉水
	雷涧	自叠字峰雷洞之水由南入五龙涧
	双溪涧	自大顶东南诸峰之水交会鬼谷涧，由浪河西北入汉水
	鬼谷涧	自大顶之南出，会山南诸峰之水，东入双溪涧

武当山山水除“七十二峰”“三十六岩”“二十四涧”之外还有一些其他山水资源，水资源最为丰富，较为重要的有潭、泉、池、井，如表4-3所示。

武当山其他山水资源 表4-3

分类	名称	位置
潭	黑虎潭	位于仙关上，黑虎岩下，紫霄涧水之中
	白龙潭	白龙潭有二,一个在五龙宫磨针涧下，另一个在飞升台下
泉	甘露泉	南岩下
	参斗泉	位于雷石峰南，石岩下一泉如井
	百花泉	在仙侣岩旁平坦处
	真乙泉	位于紫霄宫
	一泓泉	在关帝庙前，饮马池偏东
	益人泉	在回龙观上
	东灵泉	在太上岩
	西灵泉	在太上岩

续表

分类	名称	位置
泉	甘泉	在南岩宫内
	鸡鸣泉	均州城江北陡坡下
	冽古泉	在青塘北
池	天池	别名白龙池
	龙池	在五龙峰幽奥处
	日池、月池	在五龙宫天宝坛南庑后
	天池、地池	在五龙宫内日月池后
	炼丹池	在五龙宫西五十步
	饮马池	在磨针井上，关帝庙西
	天乙池、太乙池、苍水库池	均在南岩宫
	禹迹池	在紫霄宫前
	日池、月池、七星池	在紫霄宫内
	上善池	在紫霄宫东方丈北
	滴泪池	在太子坡大院内
	天池	在太子坡复真桥上
	凤凰池	在天柱峰皇经堂西南
井	五龙井	在五龙宫大殿四陲中
	甘露井	在南岩宫正殿前院中
	舜井	其一在山麓冲虚庵，另一口在山麓尧祖庙
	神泉井	在玉虚宫神厨后
	娘娘井	在玉虚宫东道院
	凤井	在玉虚宫神井东北约50m
	玉虚宫东道院井	在玉虚宫东道院内
	泰山庙井	在今文物保管所院内
	龙井	在天马峰下

4.2 植物

4.2.1 植物景观演变

徐霞客在《游太和山日记》中对武当山的植物有多处描述：从草店至回龙观"满山乔木夹道，密布上下，如行绿幕中"；榔梅祠周围"旁多榔梅树，亦高耸，花色深浅如桃杏，蒂垂丝作海棠状"；"太和则四山环抱，百里内密树森罗，蔽日参天；至近山数十里内，则异杉老柏合三人抱者，连络山坞，盖国禁也"；"依山越岭，一路多突石危岩，间错于乱蒨野草丛翠中，时时放榔梅花，映耀远近"。可见，明朝之前，武当山植被枝繁叶茂、郁郁葱葱。

明朝至清朝中叶，武当山植物资源开始遭到破坏，但此时保护比较严密，破坏程度较轻；晚清至民国，由于社会动荡、战争频繁，武当山上毁林开荒、乱砍滥伐加剧，植物资源破坏程度加剧；抗日战争时期，大量军队和避难群众云集武当山麓，筑工事、造掩体、盖军营，长期伐木采薪，导致森林遭受严重破坏，资源储量下降；民国时期，湖北省政府设均郧谷农业推广区，培育苗木、推广造林、培植林区，后因战争频繁、资金拮据而停止。

1949年中华人民共和国成立以后，党和人民政府注重林业的发展和森林资源的保护，建立林业管理机构，开展植树造林。政府曾三令五申，严禁毁林开荒，但由于山麓各项建设和人民生活用材的需要，森林乱砍滥伐现象仍然很严重。特别是1958年的"大炼钢铁"运动，几乎将山腰以下的森林砍光。至1979年，除国营园、林场和紫霄宫以上的山林保护较好外，紫霄宫以下的大片山林都被毁林开荒、劈山造田、乱砍滥伐、偷砍偷伐所破坏。

自党的十一届三中全会以后，武当山加强林政管理，坚持以法治林，取得了一定的成效，至1990年，景区林业用地、森林覆盖率得到提升。

4.2.2 植物总体分布

武当山现状植被类型分天然次生林和人工林两类，其中天然次生林有常绿阔叶林、落叶阔叶混交林、针阔混交林、常绿针叶林、灌丛、灌草丛等，人工林有马尾松林、杉木林、针叶混交林、果园等（图4-4）。

武当山地处亚热带，气候温暖湿润，由于受地形影响，分布错综复杂，南北坡有差异，垂直分布明显。从山脚（海拔170m）到山顶（海拔1612m），就分布着亚热带、暖温带和温带三个不同的生物气候带。

（1）低山含少量常绿阔叶树的落叶阔叶林带

海拔750m以下，自然植被建群种以栓皮栎、短柄枹为主，林内夹布着零星落叶阔叶、常绿阔叶树种，如山合欢、毛黄栌、化香、山胡椒、黄檀、

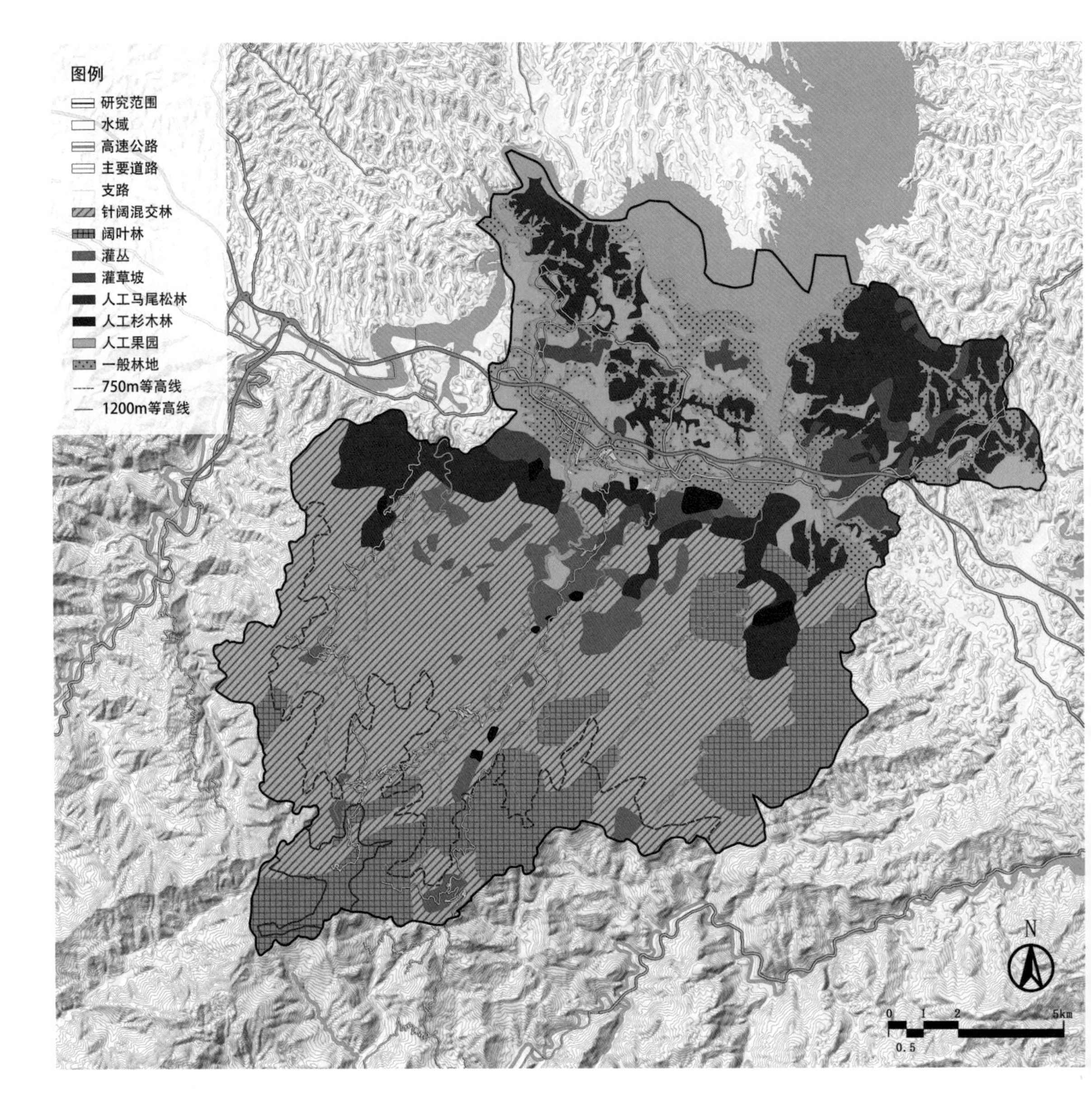

石楠、野核桃等。武当山城区周围低海拔的缓坡、丘陵地区及铁路沿线以北，原有植被类型为常绿、落叶阔叶混交林，因农业土地不足，土地多被垦为农地，除了种植农作物外，现多为人工马尾松林、杉木林和果园；铁路沿线以南的低海拔地区，植被类型以落叶阔叶林、针阔混交林为主，建群种以栓皮栎、枹栎、黄栌、盐肤木为主，谷地有宜昌楠、青冈栎、天竺桂、长叶乌药等。随着人工造林的发展，形成块状的人工马尾松林和人工杉木林，并且镶嵌有丰富的景观绿化树种，如圆柏、侧柏、银杏、枫杨、垂柳、加杨、悬铃木、刺槐、枇杷、板栗、夹竹桃、七叶树、柿树、梧桐、枣树、黄连木、复羽叶栾树、梓树、楸树、女贞、木槿、紫薇、桂花、石楠等（图4-5）。

图4-4　武当山林相分布图
（图片来源：根据2009年森林资源二类调查报告、武当山风景名胜区总体规划及实地调研绘制）

图4-5　不同海拔的植被状况
（a）南岩；（b）回龙观

(a)

(b)

（2）中山以落叶阔叶林为优势的针阔混交林带

海拔750～1200m的中山地段，主要的植被类型为针阔混交林及常绿阔叶林，亦有少量人工林，这一区域地势险峻、人烟稀少，人为影响较小。这一地段构成常绿阔叶林的植物主要为壳斗科，落叶阔叶林的植物主要为壳斗科、樟科、胡桃科、槭树科等，主要的建群种为栓皮栎、茅栗、锥栗、板栗、枫香、化香、亮叶桦、领春木、漆树等。此外常见的阔叶树有武当山木兰、山胡椒、湖北枫杨、山野核桃、天师栗、石楠、合欢、灯台树、五角枫、黄连木、楸树等；针叶树有马尾松、巴山松、白皮松、铁坚油杉、杉木等，分别组成纯林或混交林；林下灌木有胡枝子、盐肤木、黄栌、映山红、卫矛、野樱桃等；藤本有葛藤、山葡萄、毛叶崖爬藤、爬山虎、五味子、三叶木通、猕猴桃等（图4-6）。

图4-6　不同海拔的植被状况
（a）金顶；（b）五龙宫

（3）高山亮叶林、落叶阔叶林带

海拔1200m以上的高山地区，植被保护较好，存有少部分的原始次生林，如巴山松林、锐齿槲栎林、乌冈栎林等。林相整齐，层次分明，主要的植被类型为针阔混交林、阔叶林和灌丛。建群种为化香、锐齿槲栎、刺叶栎、鹅耳枥、灯台树、亮叶桦、巴山松。此外，常见的木本植物还有野核桃、野樱桃、枫香、五角枫、漆树、白杜、山梅花、楸树、西南卫矛、冻绿、胡枝子、杭子梢、木蓝、映山红、葛藤、清风藤、野蔷薇、南方荚蒾等；草本植物有瞿麦、尼泊尔蓼、马兰、瓜叶乌头、老鹳草、粗齿铁线莲、重楼、天南星、忽地笑、大百合等。

4.2.3　主要植物资源

（1）古树名木

武当山自古林木茂密，古木参天。近年来由于人为活动频繁，森林资源锐减，低山大部分古树已遭到毁灭，而中山及高山道教宫观内及其周围，仍有不少古树名木幸存。它们姿态各异，有的老态龙钟，有的奇美挺秀，有的苍郁叠翠，有的高耸云天。

据初步调查及资料收集，武当山风景名胜区内的古树千年以上的有6株；500年以上的有7科15种共35株；300年以上的有19种101株；100年以上的有24科33属46种共435株，其中人工栽培68株，天然野生367株[1]。主要树种类型有银杏、木瓜、桂花、铁坚油杉、七叶树、巴山松、乌冈栎、槐、朴、青檀、黄连木等（图4-7）。

（2）珍稀植物资源

根据国务院1999年8月4日批准颁发的《国家重点保护野生植物名录（第一批）》和《国家重点保护野生植物名录（第二批）》（讨论稿）确定武当山的

1 武当山风景区管理局、湖北省住房和城乡建设厅、上海同济城市规划设计研究院. 武当山风景名胜区总体规划（修编），2012～2025规划文本及图集，2012年。

(a)

(b)

图4-7 银杏、木瓜、七叶树等古树

珍稀植物。

国家一级重点保护植物有：珙桐、水杉、银杏、春兰；国家二级重点保护植物有：红豆树、香果树、水青树、胡桃、鹅掌楸、连香树、金钱松、厚朴、红椿、楠木、榧树。

根据《湖北重点保护野生植物图谱》，另有一些湖北增加的保护植物：紫茎、青檀、华榛、山白树、大叶榉树（表4-4）。

武当山珍稀植物名录 表4-4

植物名	保护级别	保护等级	植物名	保护级别	保护等级
珙桐	国家级	Ⅰ级	金钱松	国家级	Ⅱ级
水杉	国家级	Ⅰ级	厚朴	国家级	Ⅱ级
银杏	国家级	Ⅰ级	红椿	国家级	Ⅱ级
春兰	国家级	Ⅰ级	楠木	国家级	Ⅱ级
红豆树	国家级	Ⅱ级	榧树	国家级	Ⅱ级
香果树	国家级	Ⅱ级	紫茎	省级	
水青树	国家级	Ⅱ级	华榛	省级	
胡桃	国家级	Ⅱ级	青檀	省级	
鹅掌楸	国家级	Ⅱ级	山白树	省级	
连香树	国家级	Ⅱ级	大叶榉树	省级	

（3）观赏植物资源

武当山各宫观道人，素有栽培花卉的习惯，选色以素雅为主，兼选有药用价值的花卉，植物资源非常丰富，尤以野生木本观赏植物居多，全山也分布有很多野生花卉品种。

木本植物有武当木兰、天目木兰、翠兰绣线菊、绣球绣线菊、疏毛绣线菊、土庄绣线菊、小叶女贞、女贞、迎春花、紫荆、栀子、桂花、连翘、木瓜、青荚叶、紫薇、杜鹃花、石榴、棣棠、蜡梅、湖北海棠、南天竹、太平花、山梅花、金丝桃、四照花、海桐、菱叶海桐、绣球、紫金牛等。草本花卉有忽地笑、秋海棠、剪秋萝、萱草、射干、桔梗、玉簪、石竹、凤仙花、紫茉莉、菊花、大丽花、蕙兰、建兰、芫花、虎耳草等（图4-8）。

（4）药用植物资源

武当道教医术很高，有“十道九医”的说法。武当山又地处长江以北、黄河以南，受南北气候影响，蕴藏着丰富的中草药资源，是个天然药库。《本草纲目》中记载的1800多种草药中，武当山有400多种。据1985年药用植物普查，全山药材有617种，较名贵的有天麻、七叶一枝花、绞股蓝、何首乌、灵芝、黄连、天竺桂、千年艾、巴戟天、延龄草、八角莲、毛脉蓼、牛皮消、盾叶薯蓣等。

图4-8　武当山观赏植物

图4-9　武当山果树——板栗、猕猴桃

（5）经济果林资源

野生经济果林资源丰富，明清两代，武当山盛产杏、桃、樱桃、李、枣、胡桃、柿、板栗、茅栗、沙梨、石榴、野山楂、邓橘、襄橙等（图4-9）。

武当山现有的主要果树有胡桃、华榛、山莓、三叶木通、松白果、猕猴桃、火棘等。此外，常见的果树还有板栗、锥栗、野山楂、金樱子、插田泡、郁李、野樱桃、苦李子、拐枣、藤胡颓子、木半夏、四照花、野柿、君迁子、桑葚、草莓、枇杷、沙梨、花红、木瓜、桃、李、杏、梅、樱桃、温州蜜橘、北五味子、巴山榧、葡萄、石榴、柿、枣、苹果、银杏种实——白果等。

（6）野生蔬菜资源

武当山的野生蔬菜主要有马齿苋、蒲公英、白头翁、白木耳、黑木耳、血木耳、龙须草、车前草、香菇、天南星、桔梗、天丁片、壳柏子、地附子、百合、野葛、垂盆草。此外，黄精、魔芋、王不留行、玉竹的根状茎部分可食用，白芨的假鳞茎含有淀粉等。

（7）其他特有经济植物资源

其他特有经济植物如杜仲、天竺桂、青檀、红豆树、巴山松、骞林叶、卷柏、还阳草、灵寿杖、茅香、榔梅、油桐、生漆、五倍子等（图4-10）。

4.3　建筑

武当山道教宫观的建筑，不仅数量众多，而且品类丰富。“宫”作为道教活动的主体空间，除供宗教日常活动外，大多司有专职，各具特色，使朝山这一盛大的宗教活动顺利进行。“观”比“宫”等级稍低，结构布局比较自由，形态更为丰富。此外还有庵、祠、堂、庙、楼、阁、寺等更低等级的类型，将道教思想进一步向民间扩散。由于武当山地处山林、多有岩洞，古人利用天然岩穴构建了大量的岩庙、洞庙和石窟，至今只有少许后人加工的痕迹。门、殿、坊、

1 王永成．武当山古建筑群史话［J］．小城镇建设，2002（7）：58-61.
祝笋．中国世界遗产文化旅游丛书·武当山古建筑群［M］．北京：中国水利水电出版社，2004.
耿广恩，明剑玲．武当山古建筑群［M］．广州：广东旅游出版社，2001.
2 杨立志．明代武当山志二种［M］．武汉：湖北人民出版社，1999.
3 武当山志编纂委员会．武当山志［M］．北京：新华出版社，1994.
4 张峥嵘，万谦．武当山两仪殿的历史及演变［J］．华中建筑，2012（10）：180-183.

图4-10 武当山经济树——油桐、榔梅

亭、台、坛、关这些小建筑更加丰富了武当山的建筑词汇。道路和桥梁不仅连接各类道教宫观，更主要的是为朝山这一最宏伟壮观的宗教活动提供服务。

4.3.1 宫观

武当山最早由皇帝敕建的宗教建筑为唐贞观年间（627～649年）的五龙祠。经过宋元时期已形成一定规模，到明朝达到鼎盛[1]。明成祖朱棣倾南方五省（湖北、湖南、河南、陕西、四川）财力、赋税，历经十余年将武当山建成了空前绝后的朝圣中心，此后明朝历代皇帝都把武当山作为皇家道场来修建。据史料记载，明永乐年间全国规模最大的土木工程有两项，一是北京皇宫，二是武当道宫，并且武当山建设用工时间三倍于故宫[2]。明永乐十年至二十二年（1412～1424年），大建武当，史有“北建故宫，南修武当”之说，共建成9宫、8观、36庵堂、72岩庙、39桥、12亭等33座道教建筑群，面积达160万m^2[2,3]。明成祖朱棣皇帝对武当山的建设分为三个阶段：1411年10月～1412年9月为规划准备阶段，1412年9月～1418年12月是主体工程建设阶段，1419年1月～1424年7月是最后工程补充阶段[4]。之后，明嘉靖三十一年（1552年）又进行扩建，形成“五里一庵十里宫，丹墙翠瓦望玲珑。楼台隐映金银气，林岫回环画镜中”的建筑奇观，达到了“仙山琼楼”的意境。

武当山拥有宏伟的古建筑群，《大岳太和山志》称：武当山在明代时“宫观宏丽，皆天下所无”，“栋宇之盛，盖旷古所未有也”。本书主要对现存较完整或在历史上曾经具有重要意义的道教宫观进行研究。具体分布如图4-11所示。

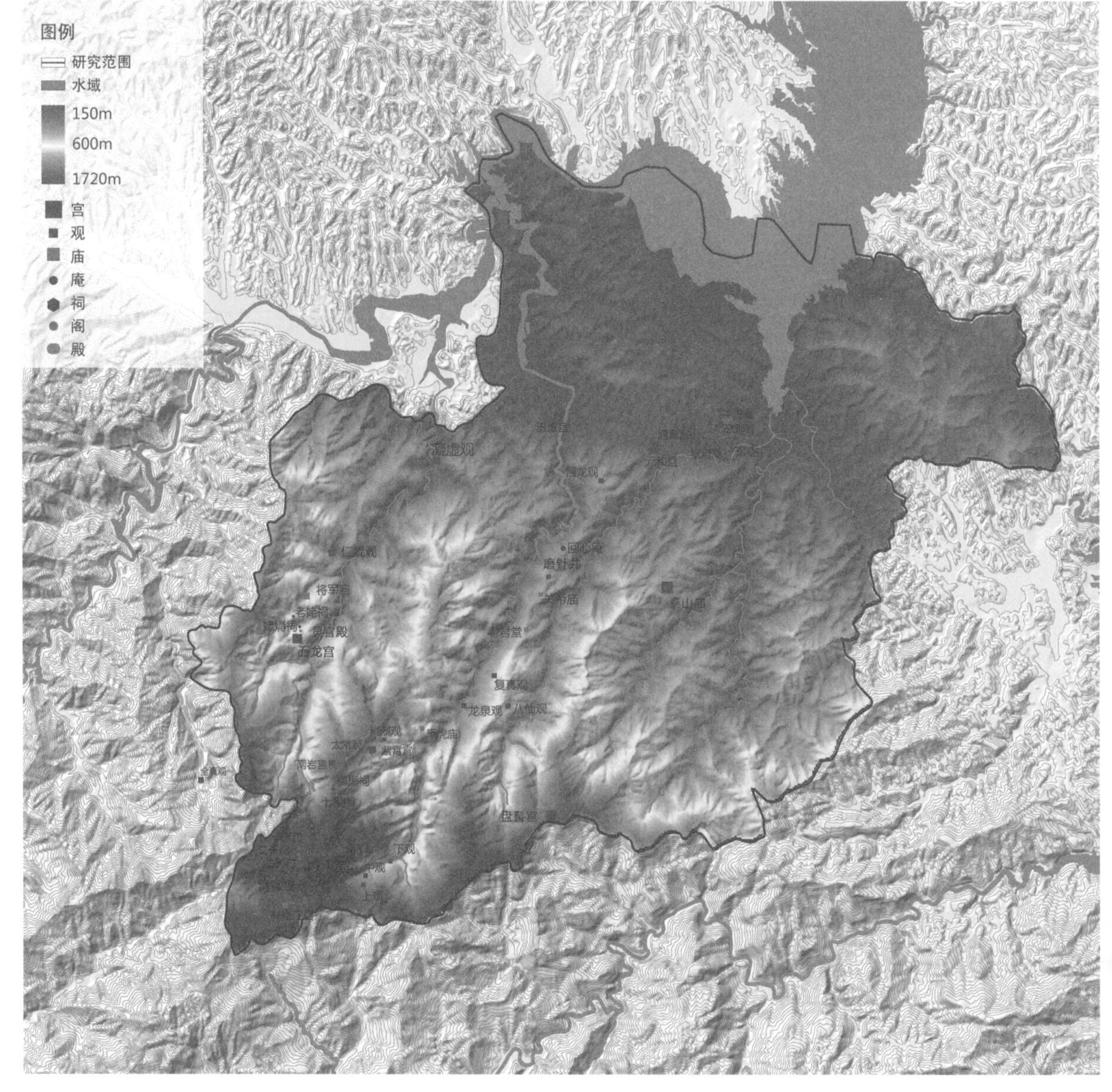

图4-11　武当山宫观分布图

据不完全统计，武当山曾有宫、观、庵、堂、祠、庙、亭、台、桥、坛等500多处。其中，宫23处，观37处，庵39处，庙院、楼阁98处，祠25处，岩庙72处，亭26座，坊27处[1]（表4-5）。其余为仓、厂、桥、坛、城、府等。

至笔者调研时，武当山道教宫观现存的有玄岳门、元和观、回心庵、磨针井、复真观、龙泉观、天津桥、八仙观、紫霄宫、南岩宫、太常观、榔梅祠、朝天宫、一天门、二天门、三天门、太和宫、琼台中观等；遗址有玉虚宫、遇真宫、回龙观、老君堂、威烈观、仁威观、五龙宫、清微宫等；淹没的宫观有静乐宫、迎恩宫、修真观、冲虚庵等。

1 武当山志编纂委员会. 武当山志［M］. 北京：新华出版社，1994.

武当山主要宫观基本信息一览表 表4-5

名称	经度（°）	纬度（°）	海拔（m）	现状	照片
玉虚宫	111.078312	32.5091169	200	遗址	
冲虚庵	111.129503	32.5064254	202	现存	
玄岳门	111.128561	32.5017270	182	现存	
遇真宫	111.121983	32.5027632		遗址	
元和观	111.106944	32.5018999	180	现存	
回龙观	111.089763	32.4907436	448	遗址	

续表

名称	经度（°）	纬度（°）	海拔（m）	现状	照片
回心庵	111.079132	32.4768814	438	现存	
仁威观	111.012191	32.4756498	340	遗址	
老君堂	111.067264	32.4562417	559	遗址	
五龙宫	111.000773	32.4552493	646	遗址	
复真观	111.056496	32.4455768	480	现存	
龙泉观	111.049042	32.4385693	368	现存	

续表

名称	经度（°）	纬度（°）	海拔（m）	现状	照片
八仙观	111.062019	32.4382929	582	现存	
威烈观	111.027363	32.4274570	751	遗址	
紫霄宫	111.023246	32.4265836	810	现存	
太常观	111.014126	32.4251514	1036	现存	
南岩宫	111.009901	32.4228783	981	现存	
榔梅祠	111.011114	32.4185327	920	现存	

续表

名称	经度（°）	纬度（°）	海拔（m）	现状	照片
朝天宫	111.008273	32.4061725	1209	现存	
太和宫	111.002887	32.4012101	1612	现存	
清微宫	110.993083	32.3987219	1249	遗址	
中观	111.021043	32.3952311	870	现存	
襄府庵	111.1219830	32.50276323	180	现存	
一天门	111.0029715	32.40431277	1374	现存	

续表

名称	经度（°）	纬度（°）	海拔（m）	现状	照片
二天门	111.0011547	32.40265881	1452	现存	
三天门	111.0017044	32.40178097	1488	现存	
磨针井（纯阳宫）	111.074060	32.470579	487	现存	
泰山庙	111.1100492	32.47002703	429	遗址	
关帝庙	111.0724740	32.46646344	498	遗址	
将军庙	111.0094303	32.46371448	604	遗址	
黑虎庙	111.0381261	32.43192794	610	遗址	
盘髻宫	111.0753197	32.41341676	940	遗址	
下观	111.0264977	32.39929746	674	遗址	

根据现有文献资料及实地调研，重新整理并绘制主要大型及中型宫观总平面图（图4-12～图4-28）。

（1）太和宫

位置：天柱峰顶

占地面积：$8hm^2$

建筑面积：$1600m^2$

始建年代：明朝永乐年间（明以前有古铜殿）

现存状况：主体建筑保存完好

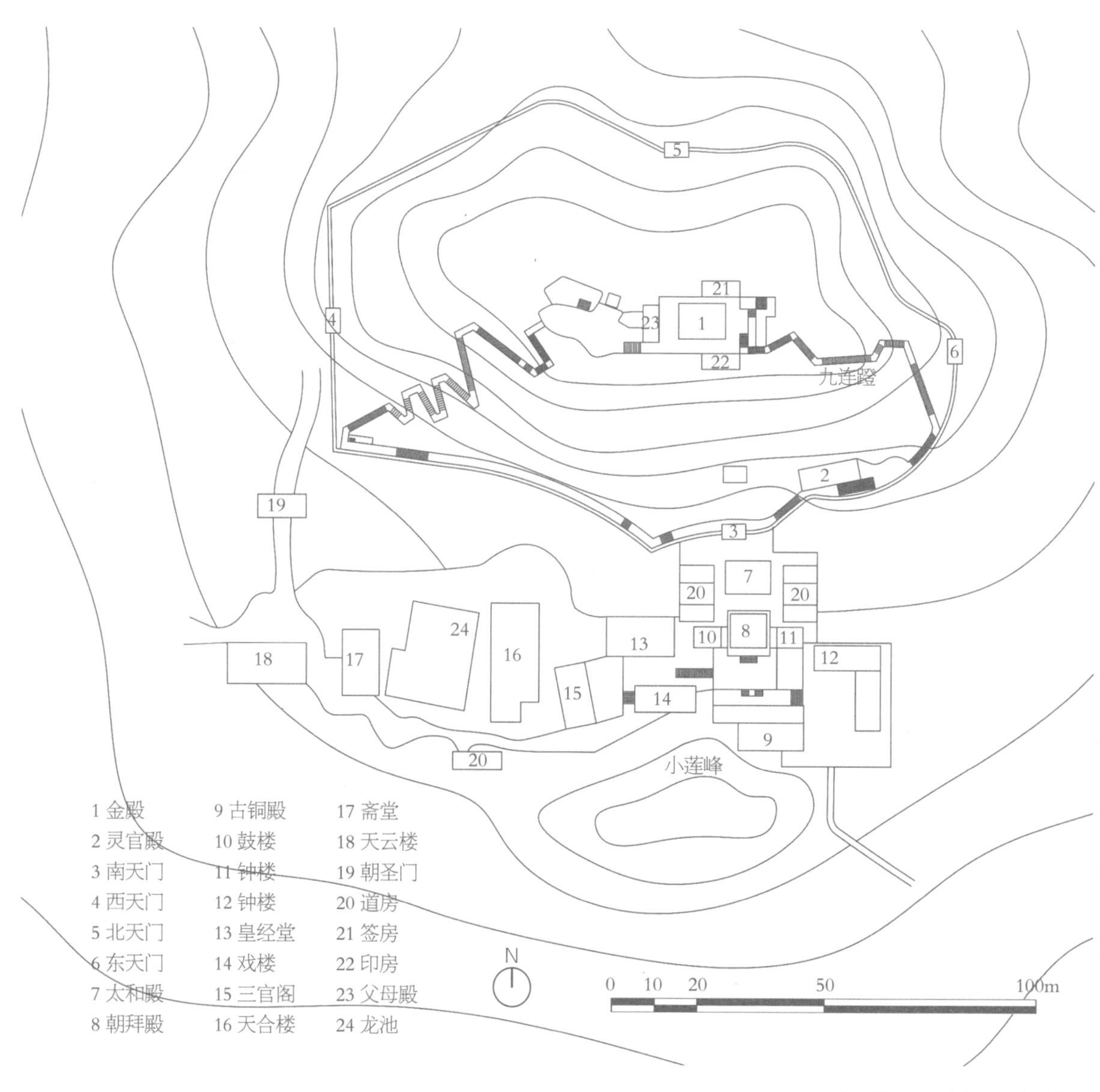

图4-12　太和宫总平面图

（2）南岩宫

位置：武当山南岩

占地面积：$9hm^2$

建筑面积：$3539m^2$

始建年代：唐代此处就有建筑

现存状况：明代（除部分道院遗址外，主体建筑已修复）

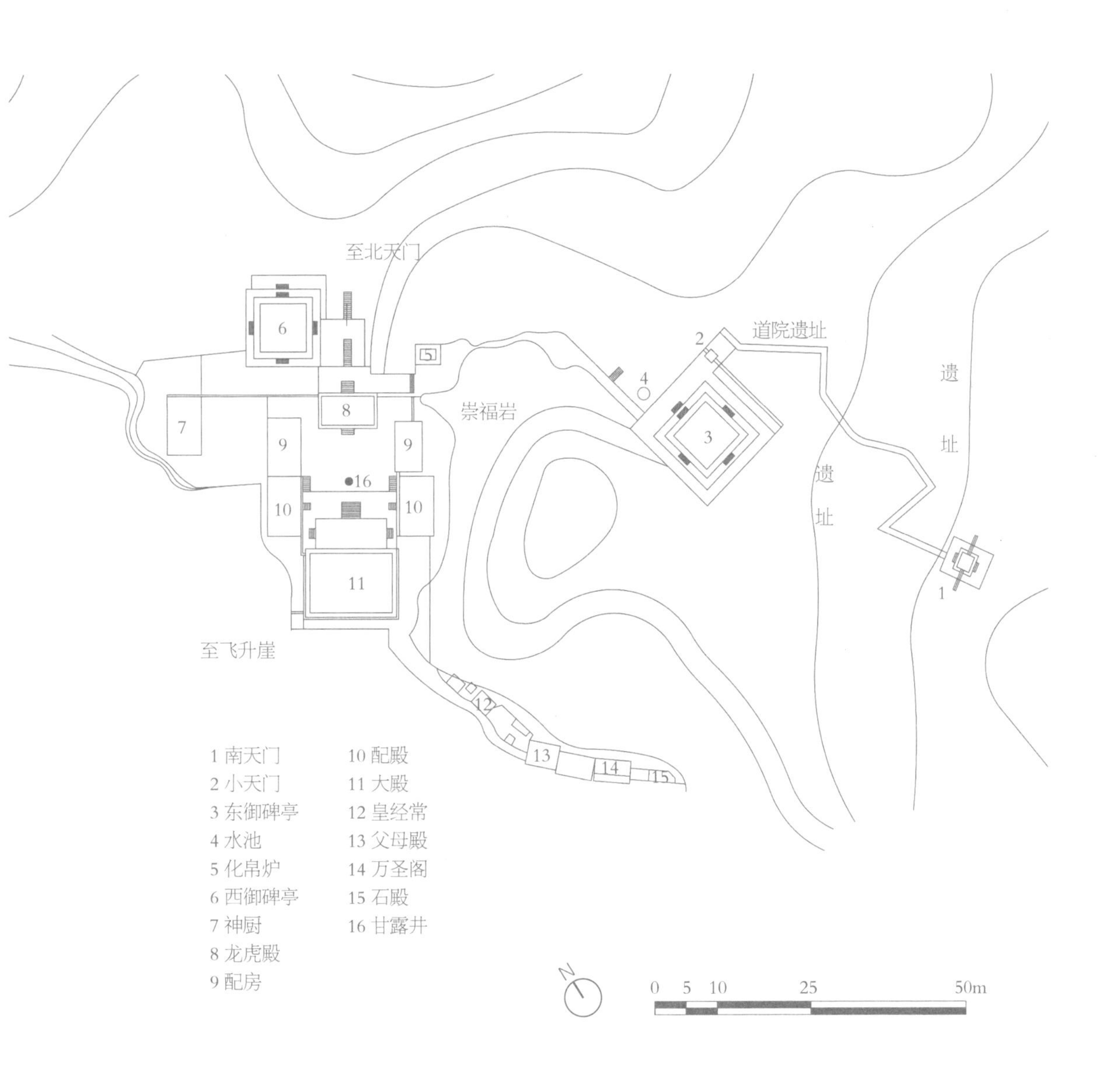

图4–13　南岩宫总平面图

（3）紫霄宫

位置：展旗峰下

占地面积：7.4hm^2

建筑面积：9291m^2

始建年代：唐代

现存状况：明代永乐年间敕建，是武当山保存最完整的宫观之一

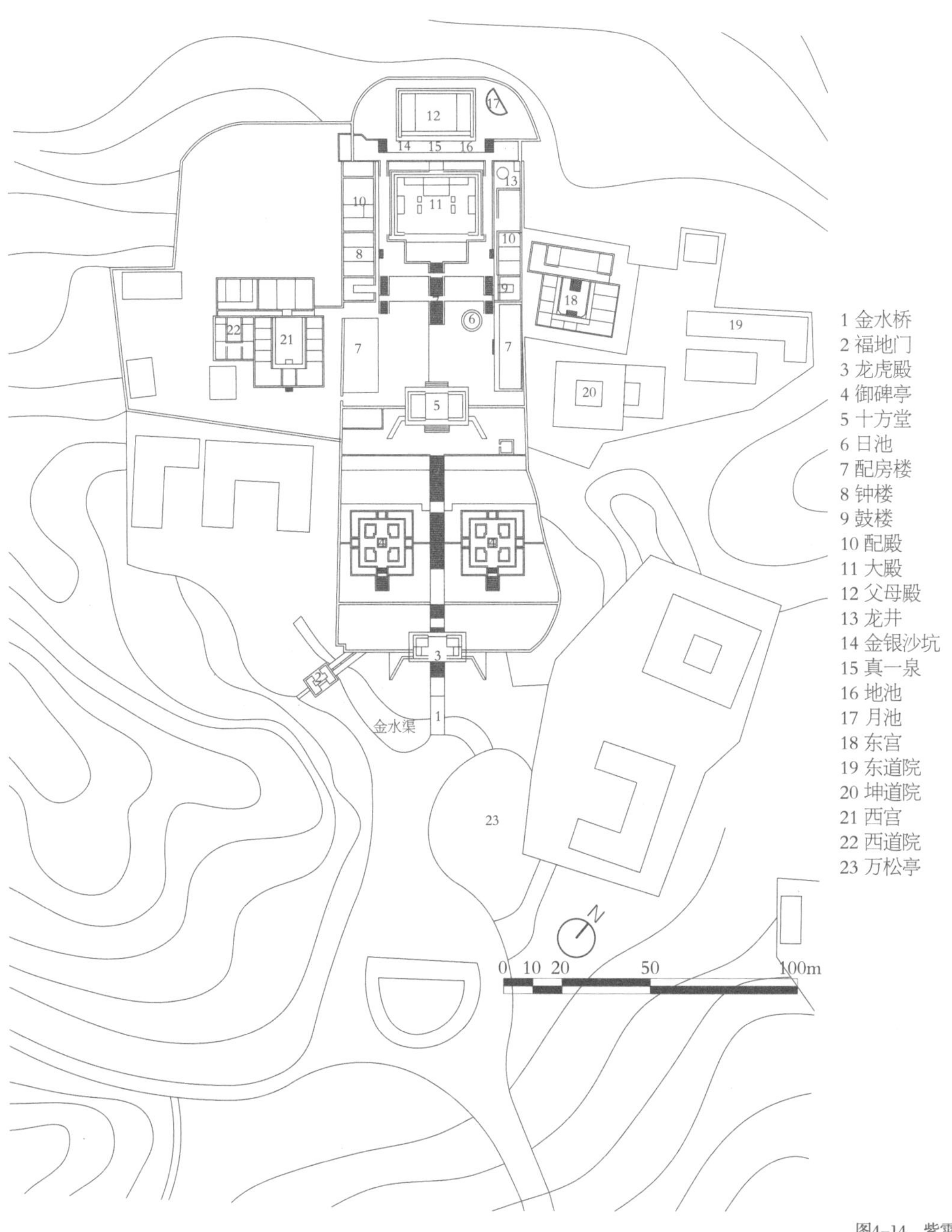

图4-14　紫霄宫总平面图

（4）五龙宫

位置：天柱峰北，灵应峰下

占地面积：25hm^2

建筑面积：2975m^2

始建年代：唐代以前

现存状况：明代遗址

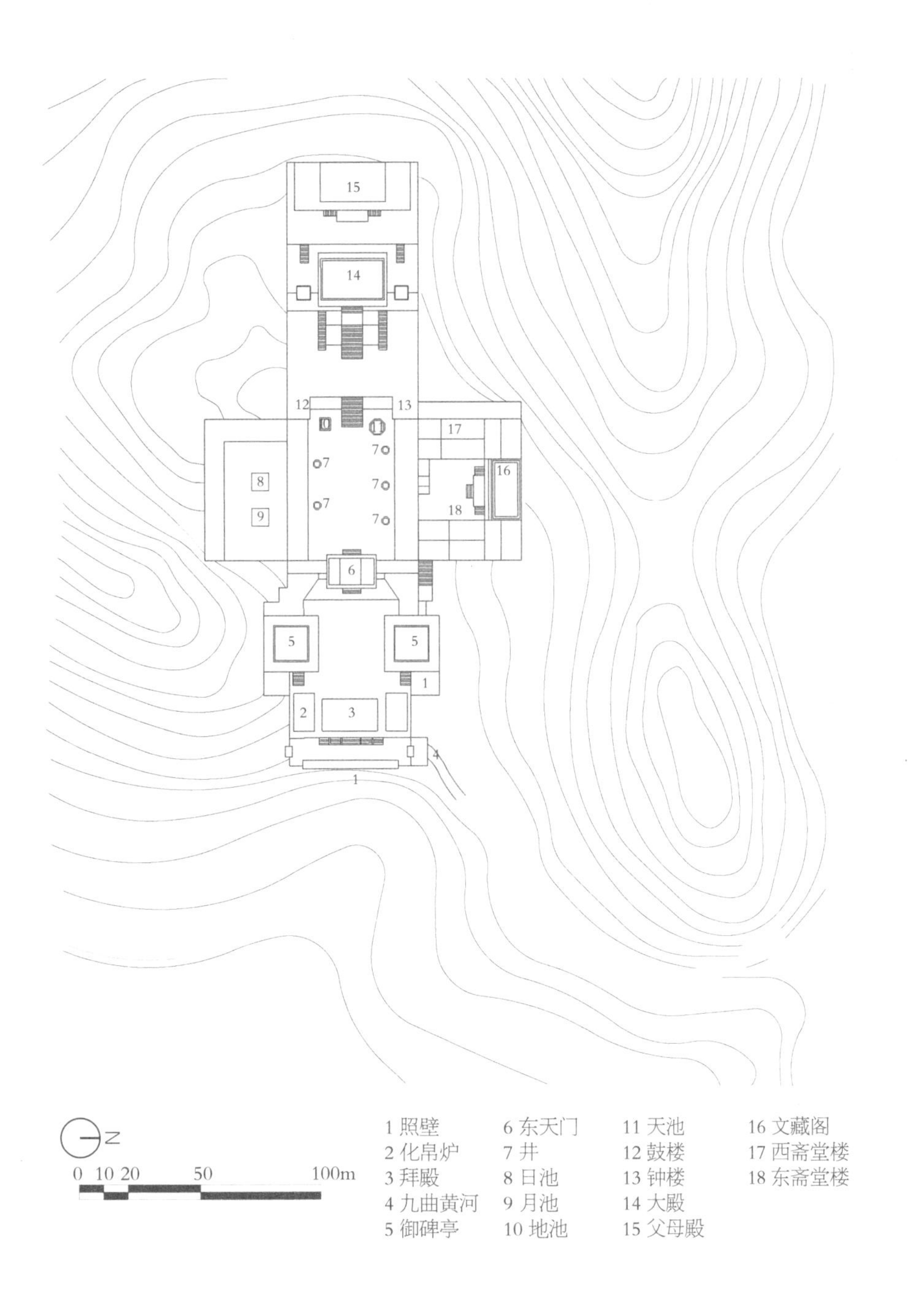

图4–15　五龙宫总平面图

（5）遇真宫

位置：仙关外500m处

占地面积：5.5hm^2

建筑面积：428m^2

始建年代：明代

现存状况：遗址（因丹江水库蓄水，欲将其抬高15m，调研时正在施工）

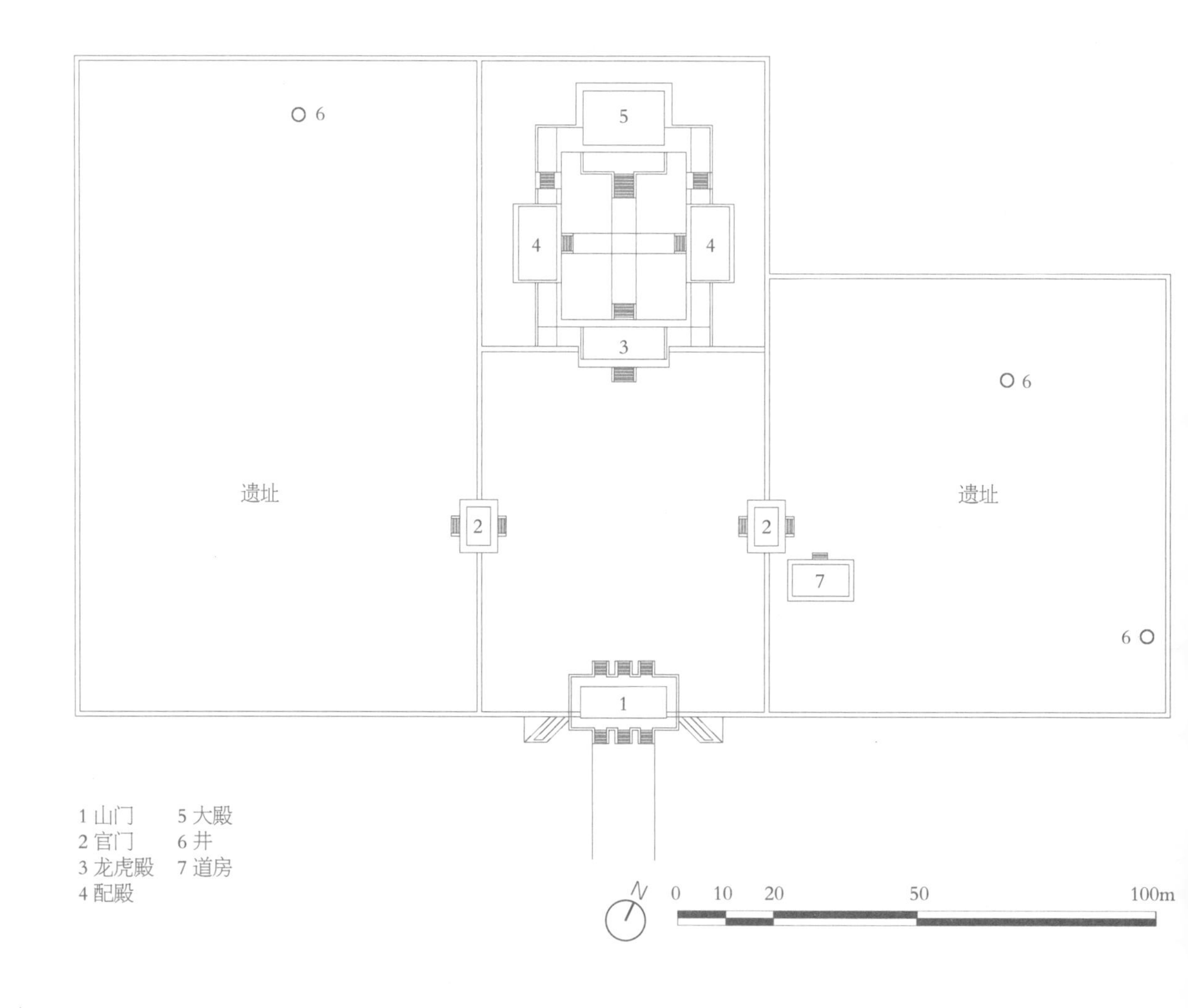

图4-16　遇真宫总平面图

（6）玉虚宫

位置：武当山老营

占地面积：15.6hm^2

建筑面积：4251m^2

始建年代：明代

现存状况：明代遗址

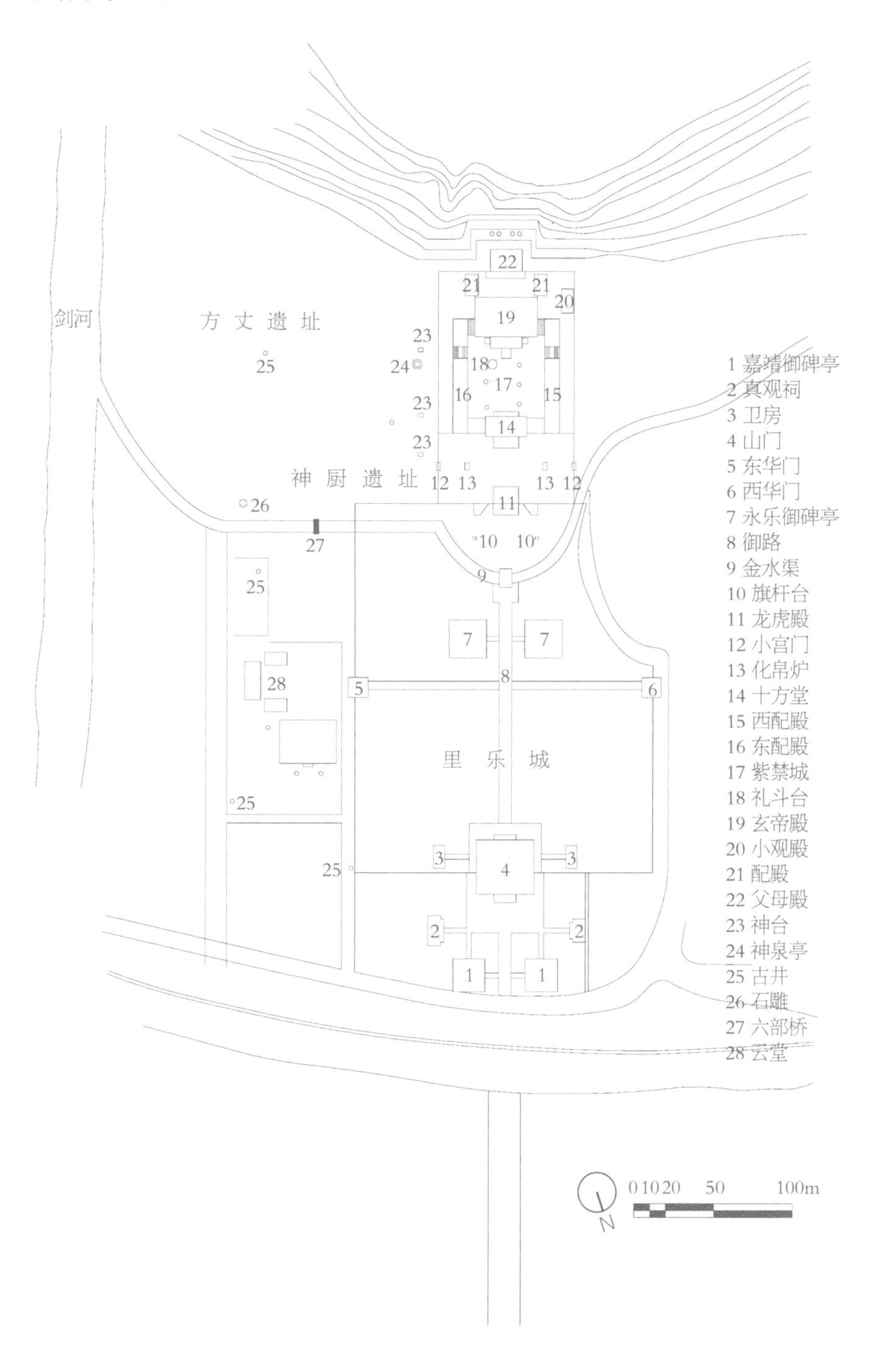

图4-17　玉虚宫总平面图

（7）静乐宫[1]

位置：均州城内

占地面积：12.2hm^2

建筑面积：不详

始建年代：明永乐年间

现存状况：淹没

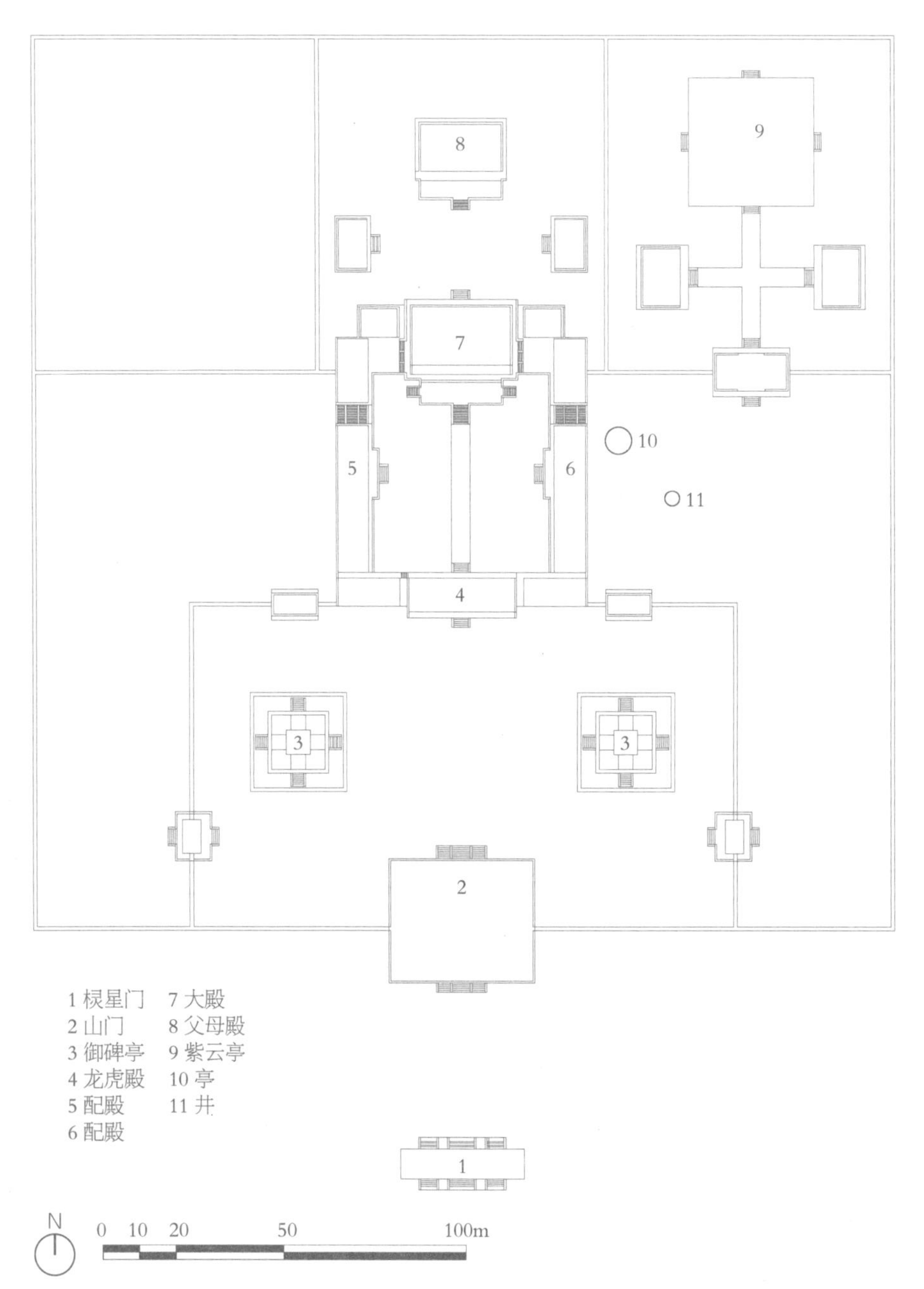

图4-18 静乐宫总平面图

1 明代至今，在不同的文献资料中有“静乐宫”和“静乐宫”两种写法。首先，明永乐十六年（1418年）黄帝曾赐“元天静乐宫”额，自此有“静乐宫”之名；其次，在武当山敕建之后的第一本武当山志即宣德六年（1431年）由钦差太常寺丞任自垣编写的《敕建大岳太和山志》中，写作“静乐宫”；第三，“静乐”除“安静乐善”的意思外，还有道教寓意，而“净”字多用于佛教。所以，本书在表述时选用“静乐”一词。

（8）复真观

位置：武当山太子坡

占地面积：1.6hm^2

建筑面积：3752m^2

始建年代：明代（明前为接待庵）

现存状况：武当山保存最好的道观之一

图4-19 复真观总平面图

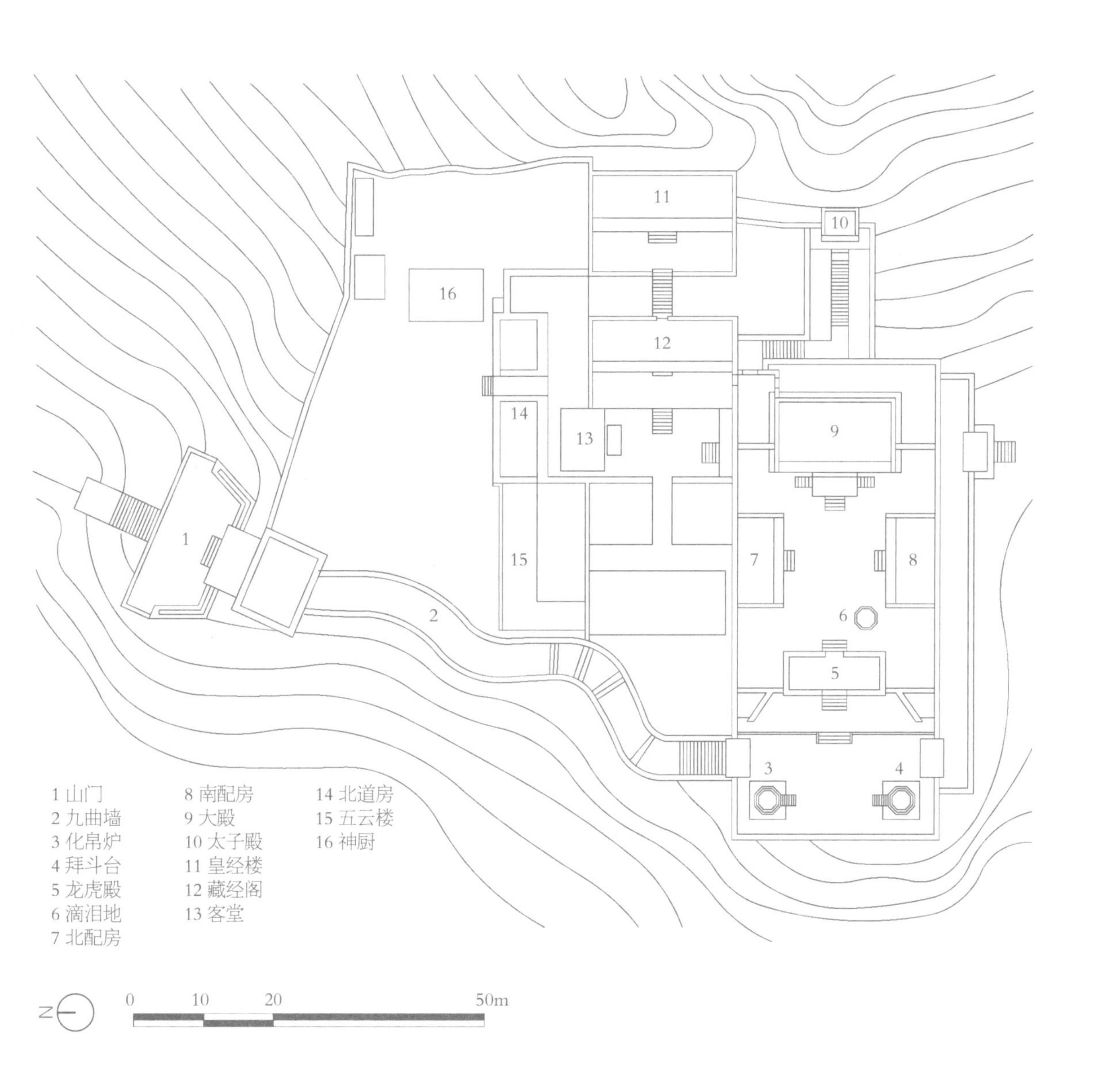

（9）琼台中观

位置：天柱峰东麓

占地面积：$2hm^2$

建筑面积：$2796m^2$

始建年代：元代（琼台宫）

现存状况：主体1998年修复

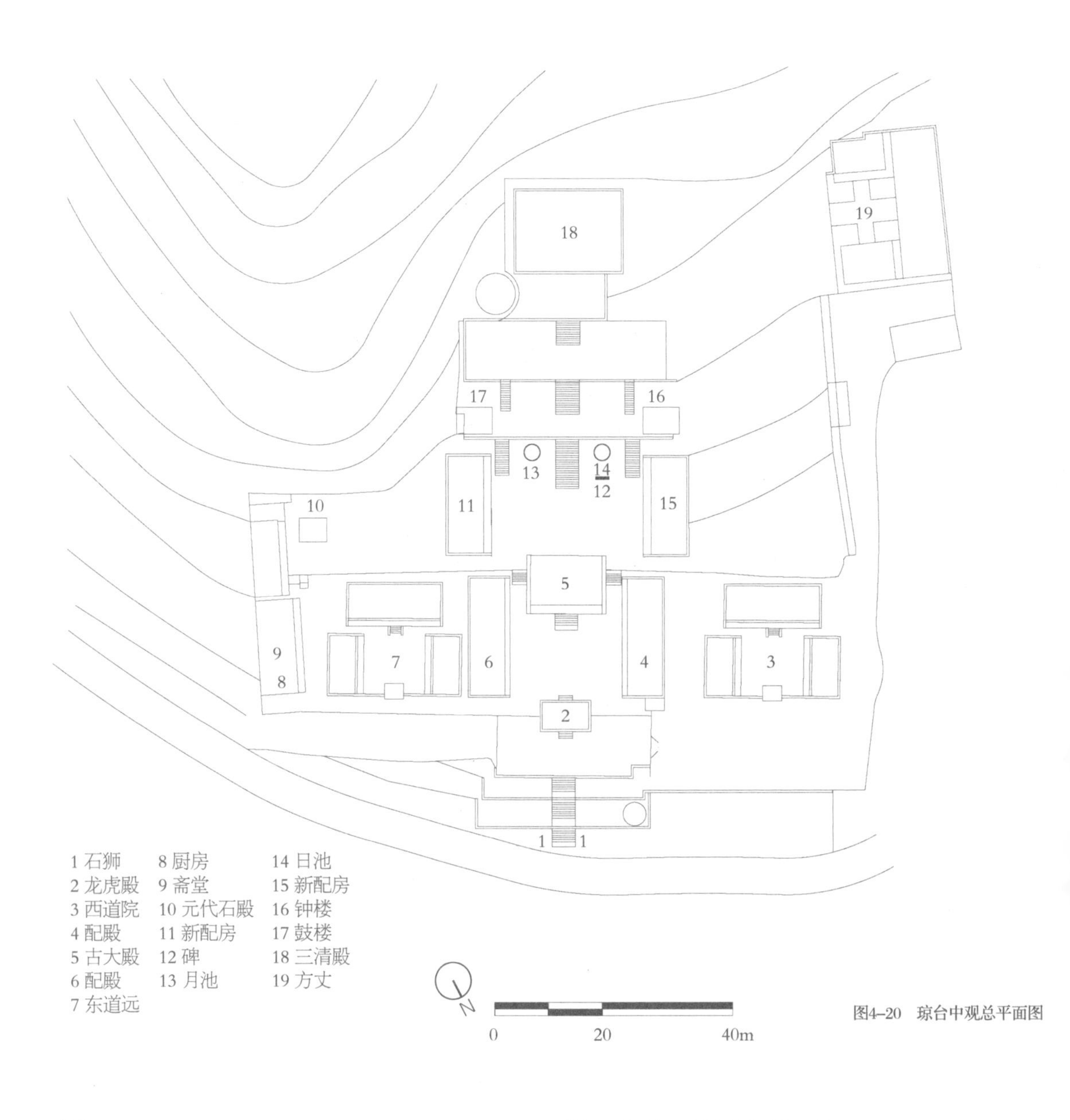

图4-20 琼台中观总平面图

（10）朝天宫

位置：黄龙洞上，一天门下

占地面积：$1hm^2$

建筑面积：$190m^2$

始建年代：明前

现存状况：明、清、民国都有增修，现存为1990年修复

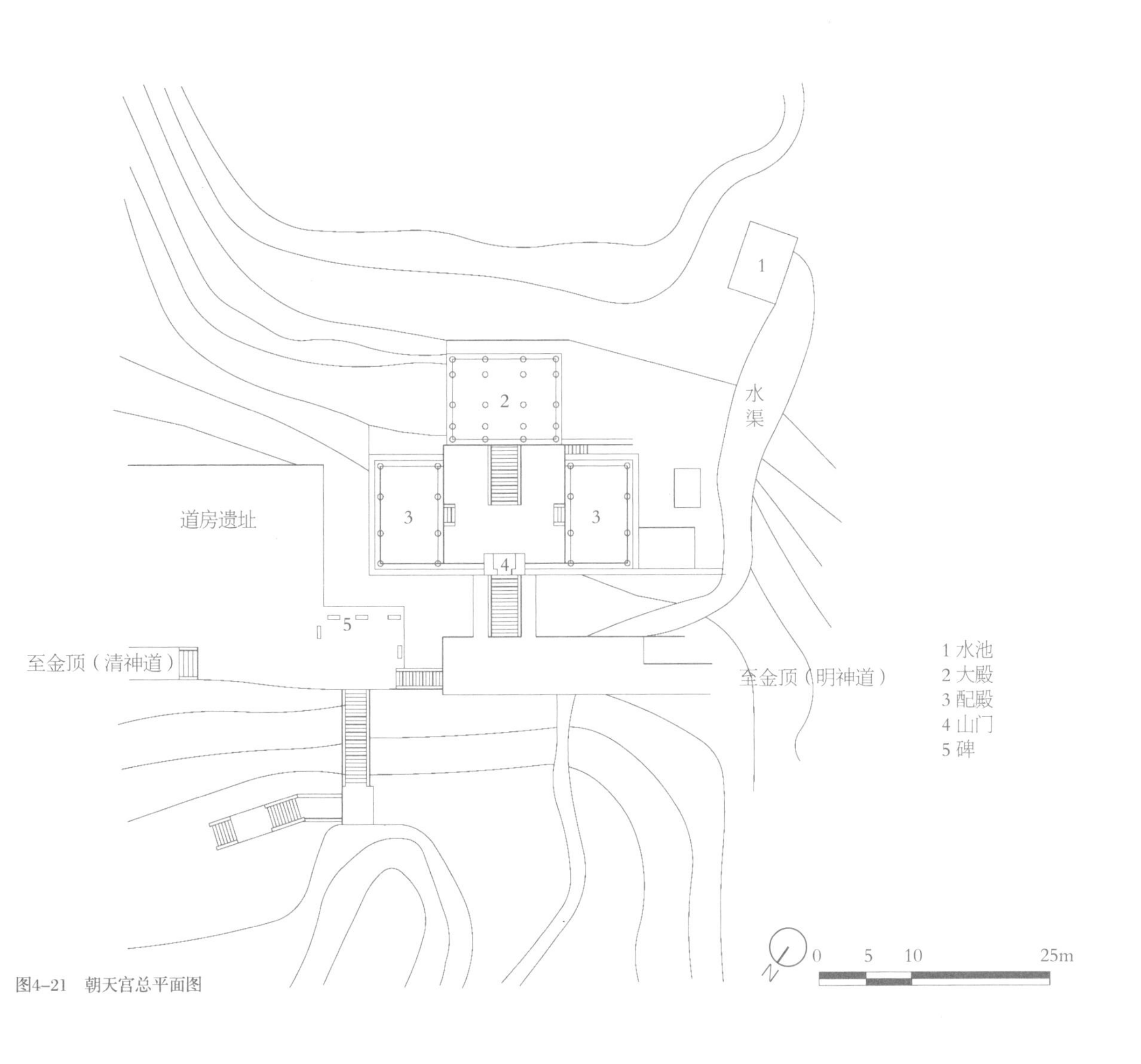

图4-21　朝天宫总平面图

（11）八仙观

位置：天柱峰东北，太上岩右

占地面积：0.3hm^2

建筑面积：545m^2

始建年代：明前有庙宇

现存状况：现代修复

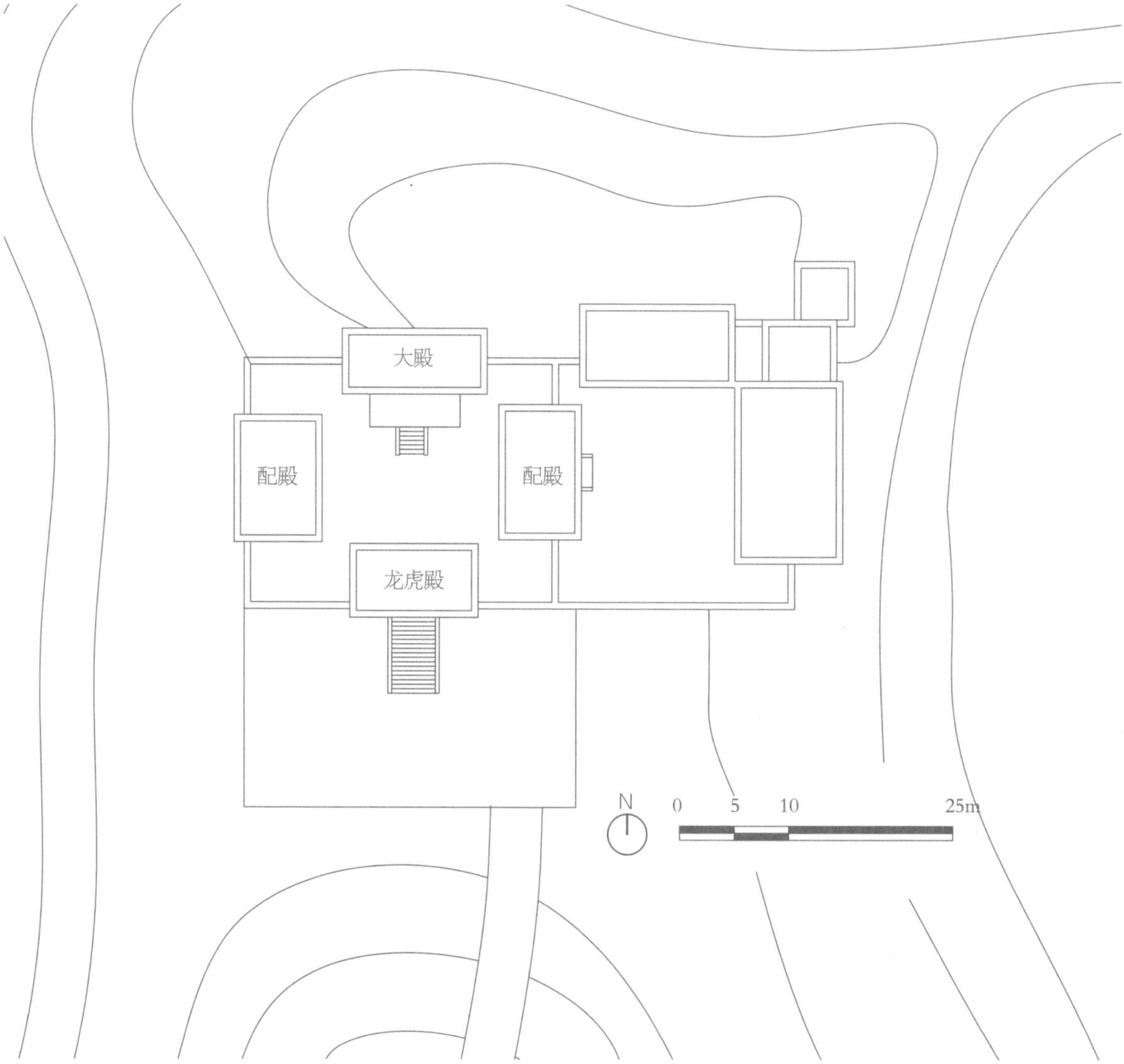

图4-22　八仙观总平面图

（12）太常观

位置：雷神洞旁

占地面积：0.2hm^2

建筑面积：669m^2

始建年代：明前为接待庵

现存状况：1992年政府拨款修葺

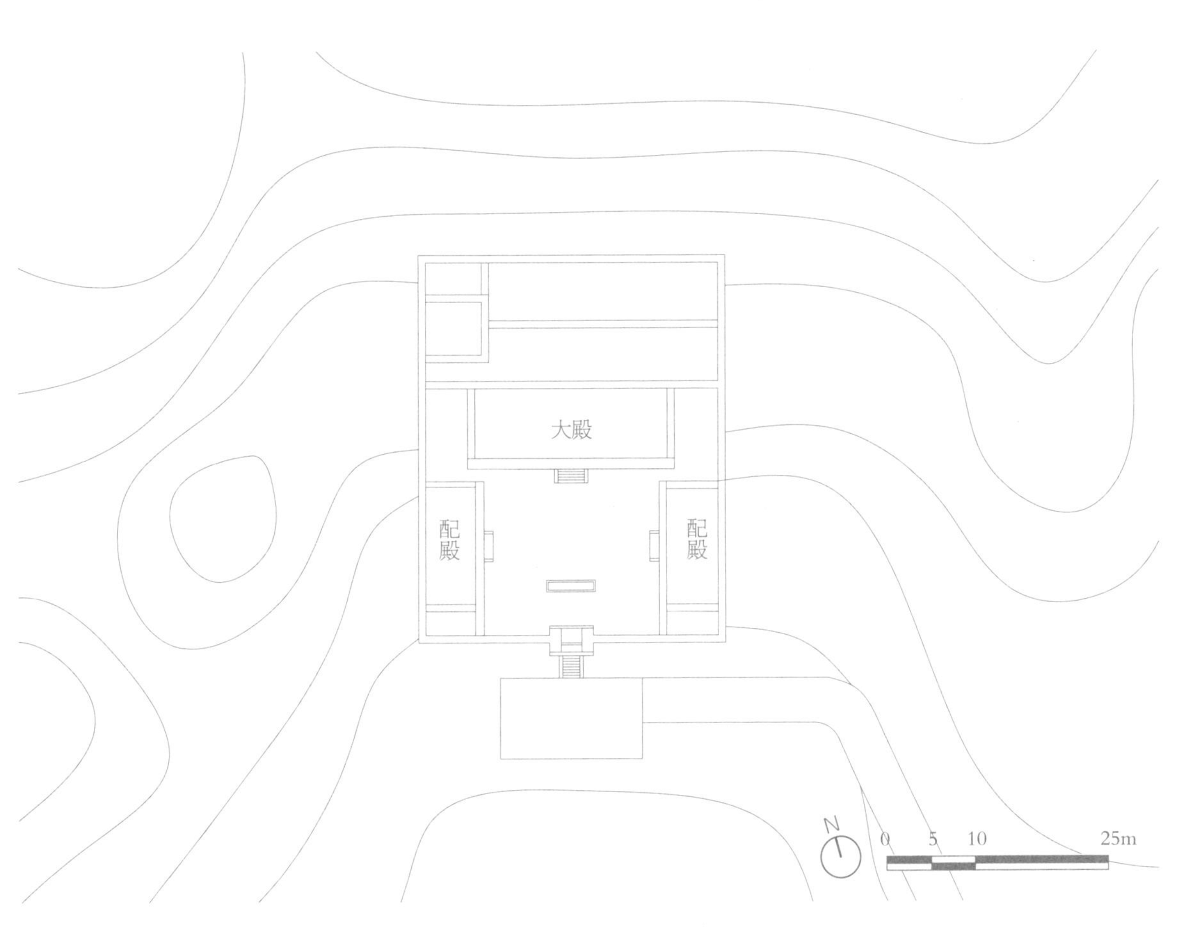

图4-23　太常观总平面图

（13）榔梅祠

位置：南岩对面

占地面积：0.1hm^2

建筑面积：539m^2

始建年代：明永乐十年

现存状况：榔梅祠为永乐时敕建

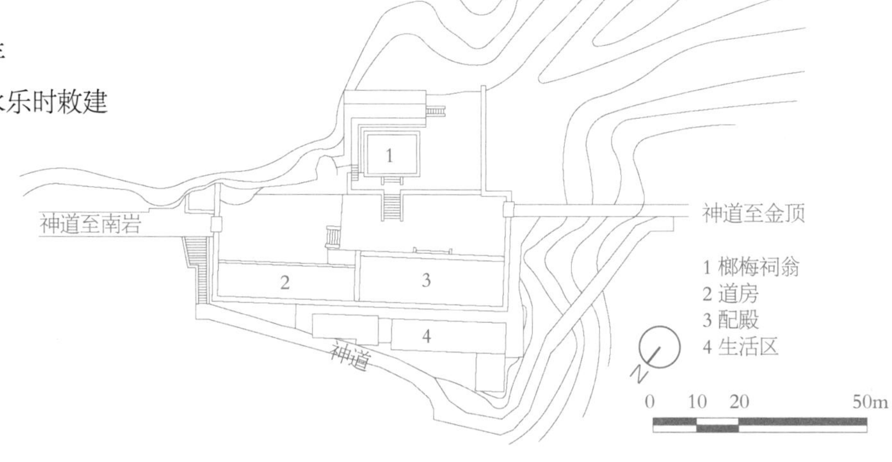

图4-24　榔梅祠总平面图

（14）太玄观

位置：武当山路与琼台公路分岔处

占地面积：0.6hm^2

建筑面积：1992m^2

始建年代：北宋

现存状况：明代遗址

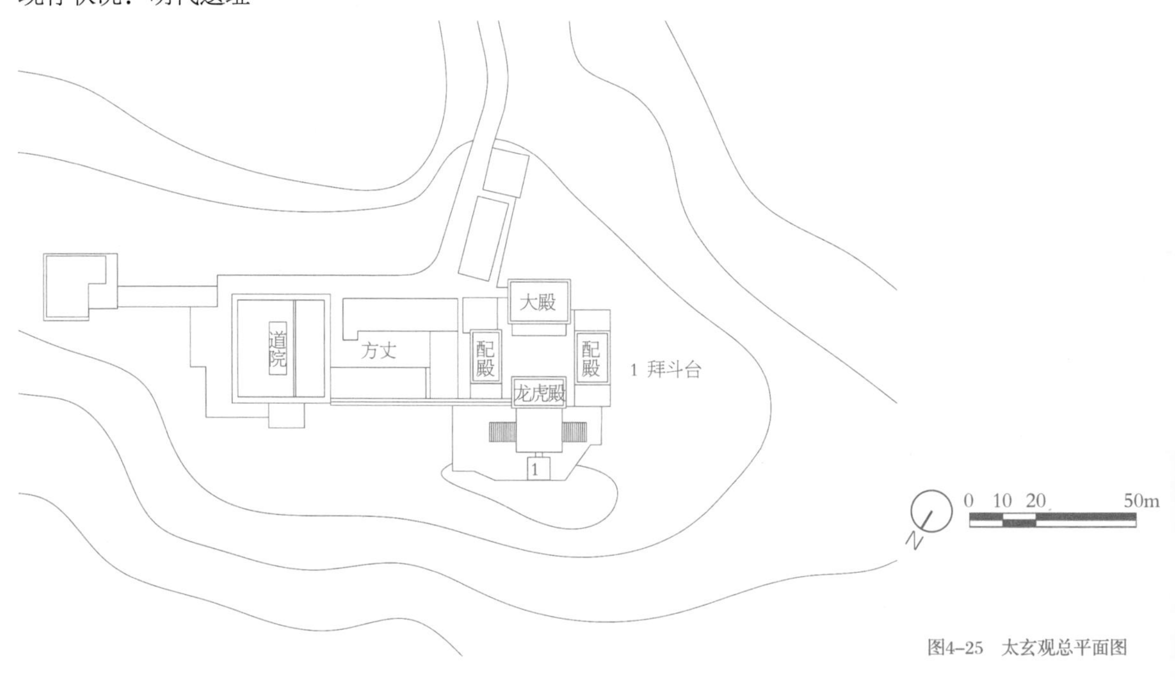

图4-25　太玄观总平面图

（15）磨针井

位置：回龙观与关帝庙之间

占地面积：0.5hm^2

建筑面积：1543m^2

始建年代：清康熙年间

现存状况：1980年修复，现为武当山道教协会

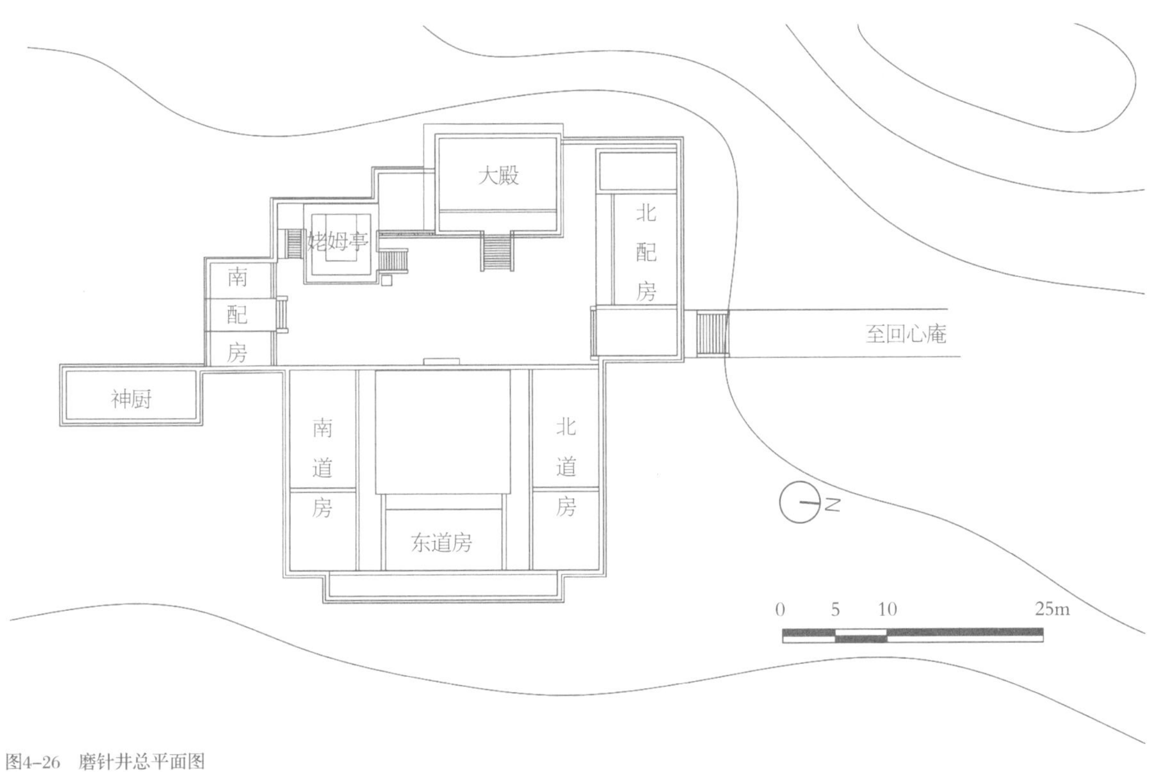

图4-26 磨针井总平面图

（16）回龙观

位置：玉虚宫东南四良山上

占地面积：0.2hm²

建筑面积：487m²

始建年代：元代以前

现存状况：明代遗址

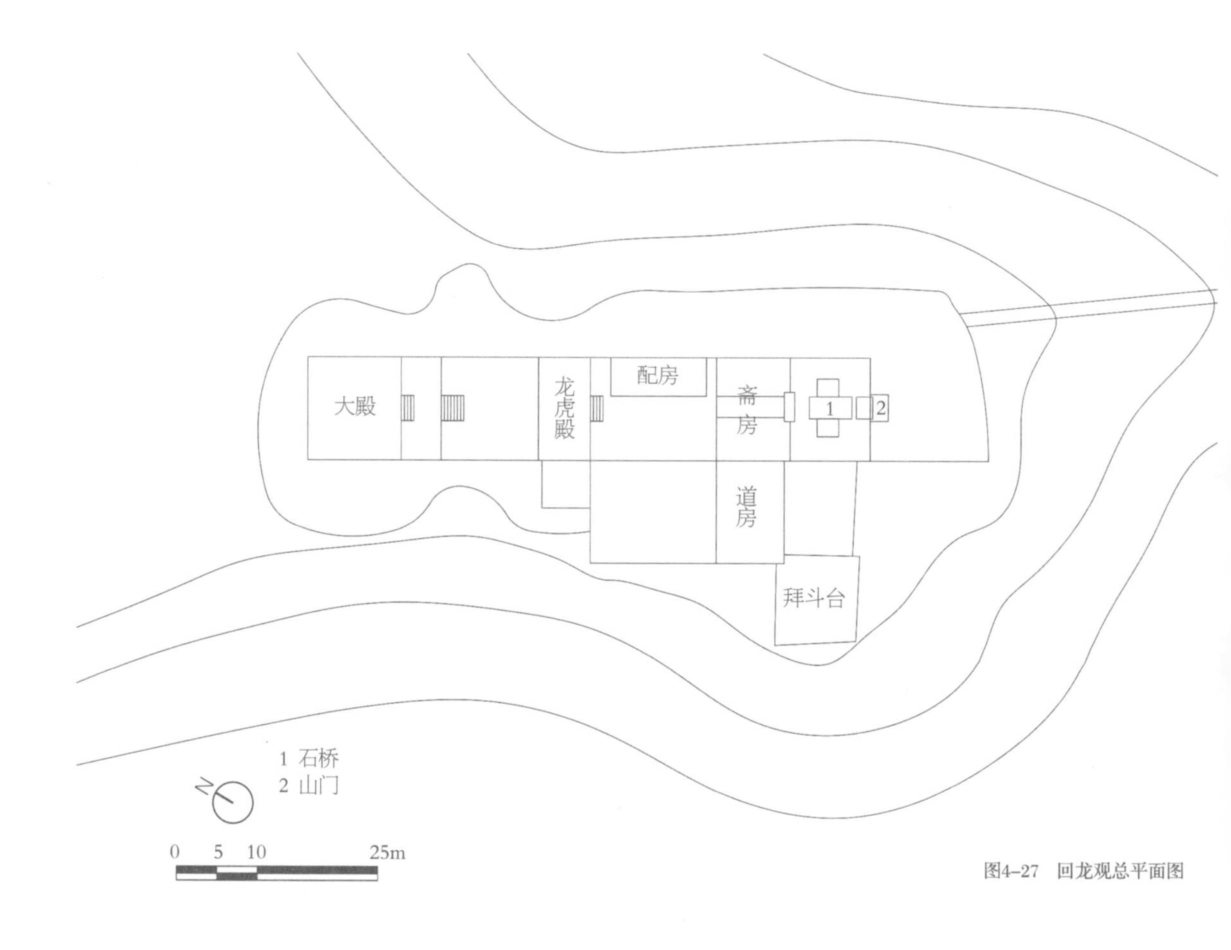

图4-27 回龙观总平面图

（17）元和观

位置：遇真宫东1km

占地面积：10.5hm^2

建筑面积：1343m^2

始建年代：宋代（宋、元、明为武当山监狱）

现存状况：明代遗址

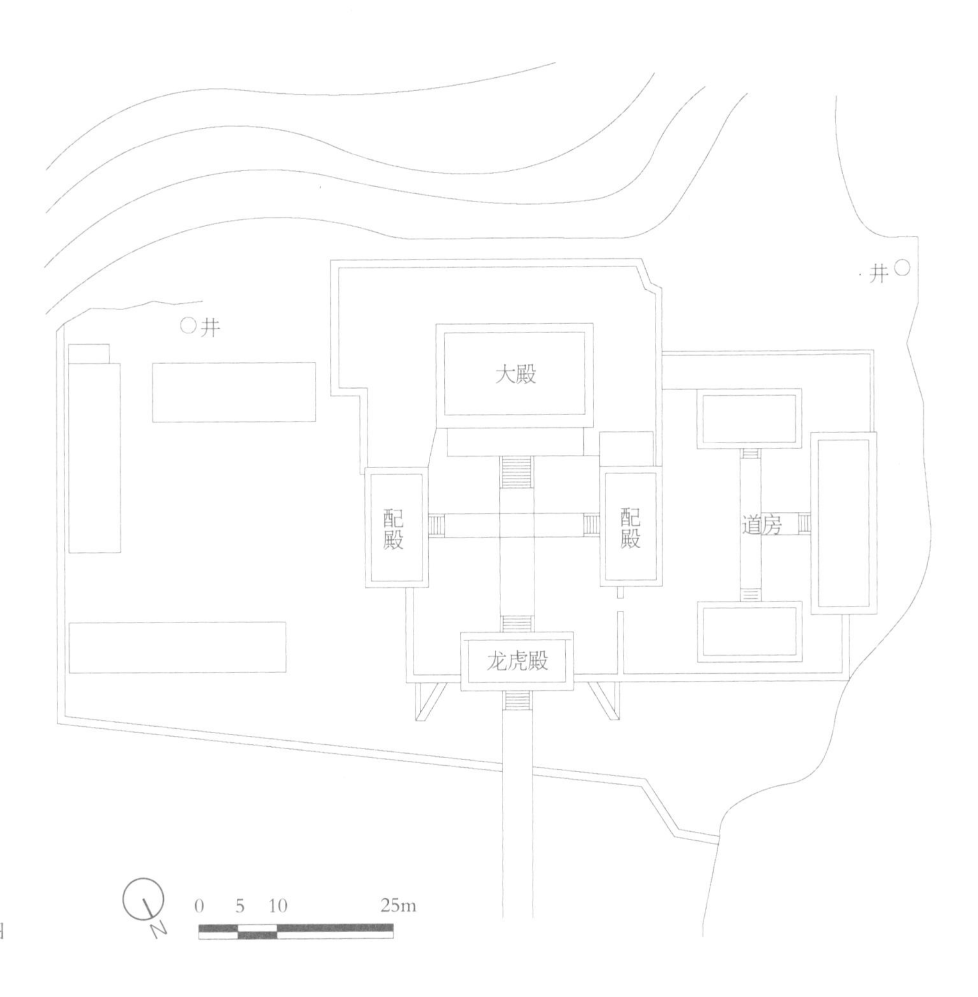

图4-28　元和观总平面图

4.3.2 道路

道路布设是一种艺术构思，把许多孤立的景点贯穿为系统，调节游人心理和生理，使自然景观和人文景观连续展开。武当山的登山道路在千百年的使用过程中，不断更改、修饰、整理而逐渐趋于完善，兼具交通运输、宗教活动和组织景观的功能。

武当山从元代就开始修建道路，其中主要有两条，一条东起于山址绞口，蜿蜒70里（1里=500m）直至紫霄宫，而后过5里达南岩；另一条是起于山址嵩口，盘桓40里至五龙，再过30里与第一条道路汇于南岩。经过不断的修建完善，区域现有铁路、高速公路、国道、其他车行路、古神道和游步道。襄渝铁路东起湖北襄阳（原襄樊），西至重庆，途经鄂、陕、川、渝等省份。高速公路和省道沿着武当山山脚东西穿行，分别连通福州与银川、福建与青海，途经闽、赣、鄂、陕、甘、宁、青等省份，沟通了我国的华东地区、华中地区、华南地区、西北地区。景区内车行路与游步道交织呈网状结构，串联主要节点。

自古以来全山登金顶的古道有九条：内（内乡）白（白浪）古道、古韩粮道、古盐道、远（远河）乌（乌鸦岭）古道、玉（玉虚宫）金（金顶）古道、中神道、天（天津桥）金（金顶）古道、紫（紫霄宫）绞（绞口）古道、朝（朝天宫）金（金顶）古道，其他大量的古神道均为这九条古神道的支线[1]（图4-29）。

在武当山天路历程总体规划中，道路的设置根据宫观位置而千变万化，各宫观的角色不同，道路也会随之具有不同的特征，空间特色与宫观的角色充分融合。武当山的主要朝山道路分为三条：一是在武当山西侧通过西神道构成了一条以祈雨为主线的道路空间，连接因唐代祈雨灵应敕建五龙祠，而后升为五龙宫并在其周围形成一定规模的宫观；二是武当山东侧山脉通过东神道形成以寻访仙人为主线的道路空间，连接以八仙观为主的一系列宫观；三是在武当山中线道路空间，从玄岳门、太子坡、南岩、朝天宫，直至金顶，形成以朝天为主较为完整的天路历程序列。

1 张良皋. 武当山古建筑（武当文化丛书精选）[M]. 北京：中国地图出版社，2006.

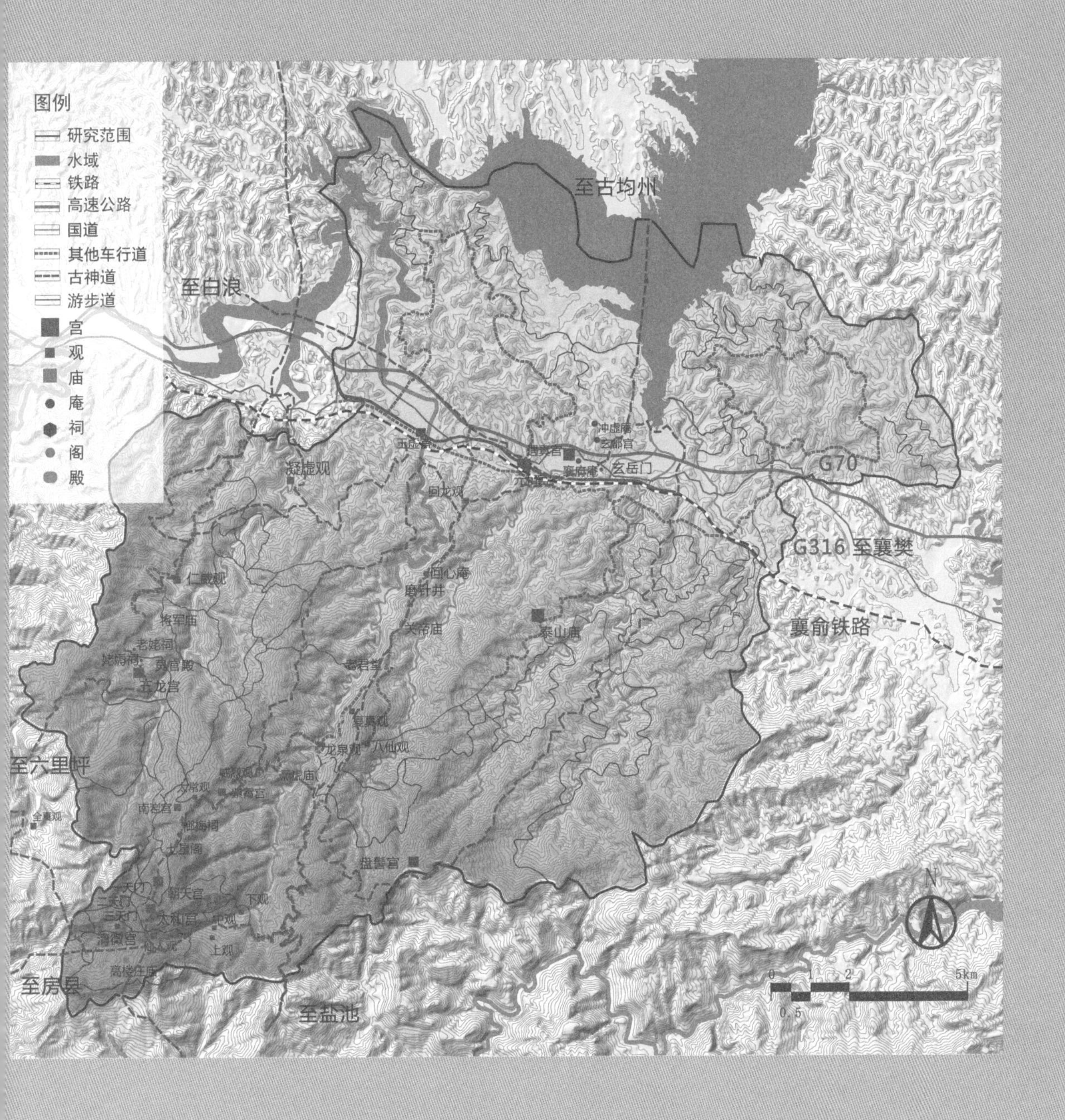

图4-29　武当山古神道分布图
（图片来源：《武当山古建筑》）

第5章

立意与布局——将自然山水人文化的宏观布局

周维权将名山风景区的总体布局分为以下四类模式：①各宫观分散布局于全山之中，没有明确的中心；②山上的宫观与村落、商业都集中分布在一个区域内，形成单一的山上核心区；③全山设有多个中心，每个中心都在主要宫观的周围分布一些附属宫观；④一条主神道连接山下至山上，并且几乎所有宫观都分布在这条主神道的周围[1]。

武当山宫观的总体布局属于其中第四类模式，巧妙利用山体地貌本身的特点来进行布局，整体空间布局明显和清晰，是对地貌空间、视觉空间的划分和利用。

武当山宫观的总体布局是按照“天路历程”模式并通过规划来实现特定的意图，并突出名山的宗教特色。本章对武当山天路历程的总体规划模式进行了全面阐述，在对天路历程思想根源理解的基础上，归纳出武当山天路历程构建。

首先，以“太和”为规划目标，依托主峰天柱峰，将对皇权和神权的朝拜凝结于对自然山体的崇拜中，并通过俯瞰和拜望连接视觉空间。

第二，以“玄武信仰”为叙事主题，将宫观与真武出生、修炼、升仙、坐镇天下的传说相结合，利用神话传说增加神秘感吸引游客，同时传说也是对宫观空间性格的准确描述。

第三，设计者通过对武当山自然地貌的分析，依托“自然地势”划分道教世界中的“天、地、人”空间，把“天路历程”概念落实在具体的景点建设中。

总体上，武当山道教宫观以“天路历程”为总体布局模式，巧妙利用山体地貌自身的特点来进行规划，考虑到对地貌空间、视觉空间的划分和利用，并通过典故使空间给人留下更深刻的印象。

5.1 以“天路历程”为总体规划模式

中国古代的神仙思想对景象空间模式的创作和产生具有较大的影响，比较典型的模式就是天路历程与一池三山。其中，天路历程是我国道教名山特有的空间模式，在名山发展的历程中起到非常重要的作用；瀛洲、方丈、蓬莱的传说灵感催生了一池三山。这二者一个是中国古典园林池山，一个是中国道教名山；一个经历代传播，影响甚远，在皇家园林的景象空间营建方面，已经从中国影响至日本，一个却低调沉隐，在锦绣河山里等待发掘。然而二者的共同之处都是在实际的生活中营造世外桃源。

1 周维权. 中国名山风景区［M］. 北京：清华大学出版社，1996.

5.1.1 天路历程思想的根源

传统自然观中的天地有精华、山川亦灵气的观念也成了风景建筑布局及形式的根源。天路历程思想是山岳崇拜与道教信仰相结合的产物，是源远流长、博大精深、卓越辉煌的华夏文明的一部分，是中华本土道教文化对名山发展起重要作用的具体体现。

（1）山岳崇拜

山岳崇拜在中国古代具有深远的渊源。如“洞中方一日，世上已千年”“山神海灵，奇禽异兽”等记载都是将山岳神化，将其化为内心的无限崇拜。然而，山岳是地面的高处，也是距离天最近的地方，山可以通天，天为万物之祖，先民对天、地的崇拜是天路历程思想形成的开始。

《山海经》是中国先秦的一部奇书，其中充满了富有神奇色彩的传说。《五藏山经》中记载了25个山系、441座山，通过对上古地理中诸山的特征进行描述，探讨原始山神的神格及远古初民的信仰。由于山神与祀礼的不同，原始山神崇拜的发展阶段分为山体崇拜、群山山神信仰和一山山神信仰三个阶段（图5-1）。

在远古时代，人们无法摆脱自然灾害的影响，经常受到自然力量的威胁，但由于科学技术落后，人们无法解释发生在身边的一切，便将自然视为一种神秘而不可战胜的力量，畏惧着、屈服着，同时又崇拜着。自然崇拜的

图5-1 《山海经》西山经昆仑图
（图片来源：山水艺术网）

对象包括日月星辰、山川河海等自然物以及风雨雷电等自然现象。先民们把这些自然物和自然现象概括为“天”和“地”两个范畴，从而衍生出了对“天”“地”的崇拜。《史记·封禅书》中提到黄帝立庙祭祀天的最高神——天帝。《尚书·舜典》注：“上帝太乙神在紫微宫，天之最尊者”；此外，《尚书·舜典》记载了最早的宇宙探索，即“盖天”“宣夜”“浑天”等宇宙学说，其中盖天说提到，中华先民认为万物皆有灵性，而天就是神灵世界的掌管者，能够统治世间万物，“天帝”在天界的神圣居所就成了上古时代人们梦想中憧憬的神仙境界。

远古时期，人们因为生产力的局限而畏惧自然，没有从美学的角度去欣赏自然，而是出于一种实用动机，属于原始崇拜。朝晖夕阴、气象万千给他们的是无限神秘感，风云雨雪、霜霾露雾让他们心生畏惧，所以人们只能将世间万物神化并崇拜。到了春秋战国时期，生产力有所发展，自然不再是令人畏惧的，名山大川也能被人们所欣赏。

至魏晋南北朝时期，社会动荡，生灵涂炭，名人骚客在道家老庄的影响下，皆以山林为趣，找寻超凡脱俗的世外桃源，追求内心的超然境界，名山大川成为人们的理想环境。或登山越岭，或抚琴吟唱，或移舟西湖，或曲水流觞，周围茂林修竹、莺歌鸟鸣，充满了山林之乐。这些怡然自得的情怀对日后山水园林的营造具有很大的影响。

由于在物质和精神上都与自然山川有着密切的联系，我们的先民形成了原始的山水崇拜，并在此基础上发展了中华民族独特的山水文化。

（2）昆仑传说

昆仑山在中国古代山川崇拜中占有极其重要的地位，古人认为黄河发源于昆仑山，所以视之为天地之中。昆仑山类属“天”的范畴（图5-2），峻拔的山体有上、中、下三层。昆仑山神话传说是天路历程思想产生的原始根源。

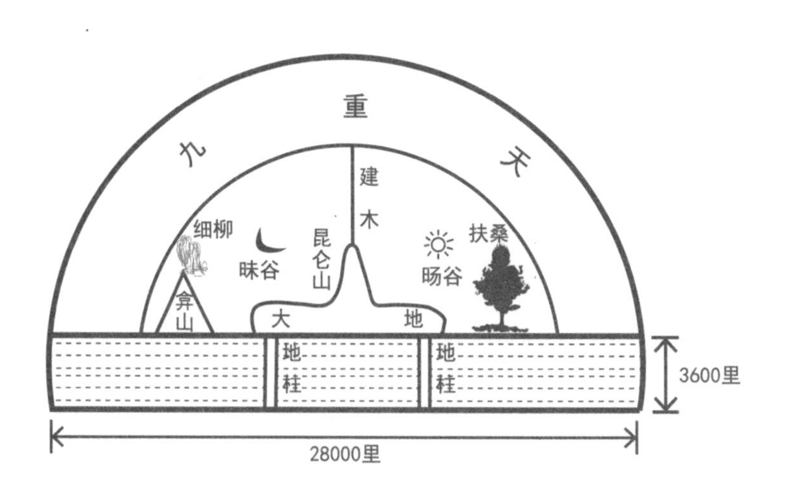

图5-2　中国上古人的宇宙天地观念示意图
（图片来源：改绘自《崇山理念与中国文化》[1]）

1 何平立. 崇山理念与中国文化[M]. 济南：齐鲁书社，2001.

《昆仑说》中说："昆仑之山三级，下曰樊桐，一名板松；二曰玄圃，一名阆风；上曰增（层）城，一名天庭，是谓大帝之居。"建于山之极峰，城垣环绕，上设天门，天神恪守；山麓平地，地之范畴；天地交界，升天之门，曰"阊阖"，乃入天界之起点也。过此天门，攀越"天梯"，三梯登临天庭——"增城"。此为由地登天之全程也。而后道教承此结构，又加以发展，人、地、天的序列关系在道教世界中才得以创造诞生。道教名山中的天路历程和格局布划也与之相应产生，即以"朝天"思想为中心，以人、地、天的序列构思为主旨。

（3）道教教义

因为与中国古代的道教信仰有关，所以名山胜境多有道教宫观。道教多认为，高山之巅与天庭毗邻，天地交汇，富有灵气，神仙真人多出没；凡人敬神，需登此山，由地及天，由尘入圣，经此历程，步步攀登。道教亦认为，名山胜境是烟涛微茫的仙境，在建造时，会营造烟波浩渺的氛围，彰显神仙境界、别有洞天之意。道教名山武当山、衡山、齐云山等的总体布局都显现出朝天敬神、羽化登仙的特色。

道教产生于东汉，许多神仙都来源于民间百姓崇拜的神灵。在道家形成之前，已有关于玄武的记载，后又有玄武在武当山修道的传说，而后慢慢演变为北方之神。神仙谱系随着道教教义的不断发展而完善，形成了"天界""仙境""人间"和"地府"的道教世界，分别住着神、仙、人、鬼。仙人又叫仙，想要成为仙人，必须经过修炼、得道等过程才能羽化而仙。仙人神通广大、超凡脱俗，而又能长生不老。如果没有经过修炼，死后便为鬼。人类居所为人间，有五方、六国；仙人居所为"仙境"，海中有十洲、三岛，陆上有三十六小洞天、十大洞天和七十二福地；大神居所为"天界"，列为大罗天、三清天、四梵天、三界二十八天。古往今来，将武当山作为精神载体的有玄武崇拜、很多经典传说以及道教的宇宙观，在这个精神空间里演绎了各自的寄托，并且把武当的秀美山川与之结合，从而完美地阐述了武当山天路历程景象空间的发展由终。

5.1.2 天路历程在武当山的演绎

原始宗教是道教的渊源之一，原始宗教把自然万物和世间现象总结归纳为天、地、人三个范畴。久而久之，转换为对天和地的崇拜与敬仰。心中之高山或现实存在的高山都被先民们作为登仙的必经之路。因此，武当山作为先民们的原始崇拜与道教思想从根源上就已经融合为一体，成为武当山天路历程的思想之源。本书中天路历程对"天"的定义——天境，即神仙居住的地方——山岳（图5-3）。

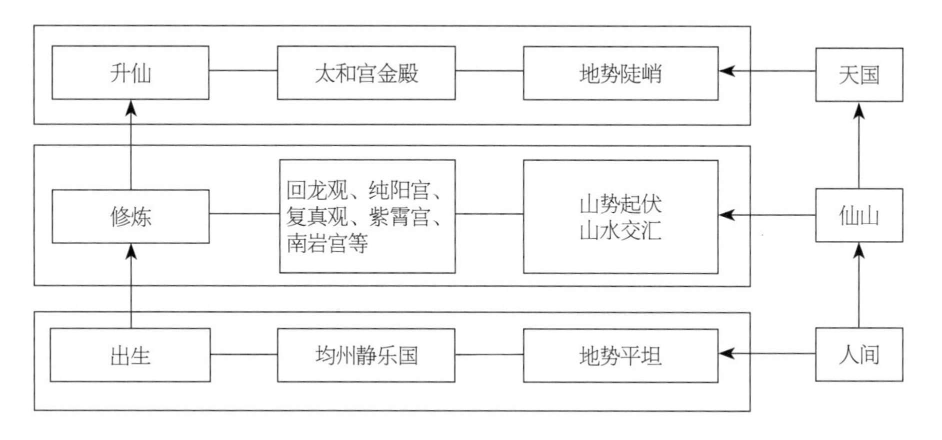

图5-3　武当山的传说、宫观及其环境关系

道教世界中人、地、天宇宙观空间中的第三层境界（图5-3）昆仑山是天路历程中“天”的原型，是先民们心中最为圣洁的神山，《水经注》《山海经》《淮南子》等十多种古籍书中均有关于其情况及形象的记载。

5.2　以“太和”为规划目标

5.2.1　“太和”释义

清代著名学者王夫之在阐释《周易》中提到，“天地以和顺为命，万物以和顺为性，继之者善，和故善也。成之者性，和顺者斯成矣”；“和顺者，性命也；性命者，道德也”。“和顺”就是“太和”的意思，这是宇宙万物的最佳状态。

“太和”大体为和谐之意，自然万物有内外两面性，外为形态，内为精神，大自然变化万千，需要和谐才能顺利发展，它包括人的自我内心、人与人、人与自然以及自然内部的和谐四个方面。

“太和”在天道观上的反映就是天地为一体。道教认为，天地一体方能带来和谐的万物生长。由此可以理解，古人在设计名山景观时，通常将天地融入其中，用数字来表达天地之意，来统计层峦峰岩，来安排宫观神道，使这些与天地之数相合，表达天地交融、风调雨顺、万物和谐的精神思想。

人与自然的和谐，不只是当代才提出的，在古代，就有“天人合一”的思想，“天地与我共生，而万物与我为一”都是其在天人观上的反映。进行景区设计时，应顺应自然之道，保持与自然的和谐关系，不去做违背自然客观规律的设计。在修建武当山时，古人就遵循天人和谐的思想，注意做到天人合一、尊重自然、保护环境，并且做到将建筑与周围环境融为一体。在水土保持等方面也修筑了石墙，来防止山体滑坡。

1 严遵. 道德指归论［M］. 北京：中华书局，1985.
2 周维权. 中国名山风景区［M］. 北京：清华大学出版社，1996.

北魏郦道元的《水经注》语云，武当山又名“太和山”，延续六朝以上，具有浓郁的道家色彩。古人认为：“一者，道之子，神明之母，太和之宗，天地之祖……天地生于太和，太和生于虚冥。”[1]“太和”为元气，阴阳会和，天地交融，“太和”即为道。武当山形成较早，“自有太极，便生是山”，因而山能集天地之灵气，禀太和之元气；武当山形成后，山体腾跃，如火焰越空，直上云霄，水神玄武镇压山顶，刚柔并济，阴阳融合；武当山屏足元气，孕育着无数生机，太和之气贯通，天地交融，人性因之而成，所以真人名士修炼于此。实际上，“太和”还是中国古人对天地和谐、人与自然和谐、人人和谐以及自我和谐的强烈愿望。

道家思想的影子遍布在各种观念中，如风水观念中关于阴阳、五行、四象、八卦等学说。风水中“元气”观念就可以在“太和山”这个别名上体现出来。

5.2.2 以“天柱峰”为依托

武当山绵延数百里，道教宫观以天柱峰为中心，将“七十二峰朝大顶”的风水格局充分利用在其总体规划中，在各方分建宫观庙宇形成整体，突出强调了天柱峰的至尊地位，将其作为朝天的目的地。

真武大帝坐镇武当山之所为天柱峰，其并非群山之首，1722m的普陀山、1825m的苍浪山、1817m的圣母山都高于天柱峰，但探求其具体的地理环境，可以得出以下理由。

一是天柱峰山容卓越。其山势险峻、一柱擎天，位于周围群峰之上。居其峰顶，环视八方，脚下群山连绵，万物为我独尊，大有“海到无边天作岸，山登绝顶我为峰”的气魄。

二是天柱峰便于瞻仰。古人有曰：“千盘转尽见三门，七十二峰朝至尊。”天柱峰具有极好的视野，在其周围的各县均能看到，如郧县、竹溪、竹山县、房县等。

三是天柱峰最接近汉水，仅30km，古人云“带砺山河”“山水相依”“山环水抱”等，具有浓厚的文化气息；古代交通、技术条件有限，武当山的建设历程中，汉水都提供了最为便捷的交通条件；同时，汉水也为游历武当山提供了便捷的水上交通（图5-4）。

5.2.3 俯瞰与拜望

《中国山水文化》中讲到对自然景观的欣赏有远视、近视，动观、静观，平视、俯瞰、仰望等方式。在科技不发达的古代，山岳主峰大多以“拜望”的方式进行祭拜。“真山水之川谷，远望之以取其势，近看之以取其质”[2]，在登

图5-4　从天柱峰俯视群山

图5-5　从南岩远眺天柱峰金顶

山途中，从远距离到近距离的行进过程中，可以将各种景物组成既相互独立又存在一定联系的局部空间。武当山天路历程的总体规划模式也结合了视线的组织（图5-5）。

从著名的景观“天柱晴晓”“雷火炼殿”可知，在百里之外古均州城内

1　梅莉. 真武信仰研究综述［J］. 宗教学研究，2005（3）：41-46.

图5-6　从清微宫眺望金顶

图5-7　从太和宫外广场仰视天柱峰金顶

的静乐宫，便可瞭望武当山天柱峰金顶。自古神道踱步35km，途经遇真宫、九渡涧及仙关，可至玄岳门，远睹天柱峰，瞭望金顶；沿东神道进山，峰回路转、柳暗花明，攀越老君堂山脊，重睹金顶；又行15km，金顶再次收入眼底。若从蒿口沿西神道登山，在多处山脊上可见天柱峰，在主要道宫五龙宫也可清晰地看到金顶，沿途围绕金顶，遥望攀缘，瞻拜并逐渐接近。到了太和宫依然可以仰视天柱峰金顶。这种遥望瞻拜、彼此照应的设计手法显示出天柱峰金顶作为明显的地标，对全山的视觉控制作用是十分突出的（图5-6、图5-7）。

5.3　以“玄武信仰”为叙事主题

真武，古称玄武，道教经典多称之为北极真武玄天上帝，民间俗称为真武大帝、玄天上帝、玄帝、祖师（始）爷、北帝、黑帝、报恩祖师、披发祖师、上帝公、荡魔天尊等[1]（图5-8）。据记载，真武信仰经历了“星辰崇拜-动物崇拜-人格深化”等一系列复杂过程，体现了中国古代真武信仰的源远流长，而且在历史的演变过程中，不断追寻天、地、人的和谐统一。

真武传说是通过真实的宫观和自然景物来表达，使武当山真武道场的形象更加鲜明、完整和统一，产生丰富的意蕴。武当道教宫观都与真武信仰相关，通过宫观来宣传玄武帝在武当山修仙升天的神话：如静乐宫是真武出生之地，太玄观、元和观是真武为太玄元帅时判元和迁校府事，太子坡是传说中真武做太子时读书之处，紫霄宫为真武修炼的场所，黑虎庙和乌鸦庙则是为了纪念真武在山上修炼时有黑虎巡山护卫、乌鸦引路报晓而建，太子岩、玉虚岩等岩庙是玄帝往来修真之所，南岩宫是真武得道飞升的圣地，五龙宫源自玄帝升真之时五龙掖驾上升，榔梅祠则为纪念真武修道时曾折梅枝寄榔树而建，而天柱峰金顶是真武坐镇天下之地等；另外山中如剑河、试剑石、飞升台、更衣台、试

图5-8　武当山紫霄宫玄武雕塑

心石等景物，以及飞蚁来朝、雀不漫顶、海马吐雾、黑虎巡山等景色，通过兽鸣鸟飞、远山近水使神话形成特有的空间氛围，都与真武修炼成仙的故事情节息息相关。

武当山道教宫观是根据《玄天上帝启圣录》等经书中玄武在武当修真得道的神话传说来规划的。从山脚到峰顶通过完整的朝山神道一气贯通，宫观单元采用了叙事的手法，描述了真武诞生、潜心修行、得道成仙、玉帝册封、坐镇天下的整个历程，并使故事情节步步推进（图5-9）。使得游人香客从一开始，就虔诚地熏陶在浓郁的道教气息中，在潜意识中加深了对道教的信仰。这些都成了“玄帝”信仰的充分体现。

武当山的道教宫观根据真武大帝修炼成仙的故事经历进行规划，将事情发展的过程、各个阶段的情节融入宫观的空间布局中，山体高度的起伏就是故事情节的推进，最后在天柱峰金顶达到整个故事的高潮。

5.3.1　出生

传说中真武神显灵，脱胎于静乐国善胜皇后，出生时紫云弥漫，用静乐宫比附静乐国，故在均州城建静乐宫（图5-10）。据记载均州（即现丹江口市）古城静乐宫面积达12hm^2，宫内设太子殿、圣父母殿、大殿、龙虎殿及宣扬太子事道的各种庙堂、斋房，“紫云亭”是传说中太子降生之地，宫外建有真官祠、魁星楼、预备仓、进贡厂等附属建筑。

1 清·王概. 大岳太和山纪略［C］// 故宫博物院. 故宫珍本丛刊（第261册）. 海口：海南出版社，2001.

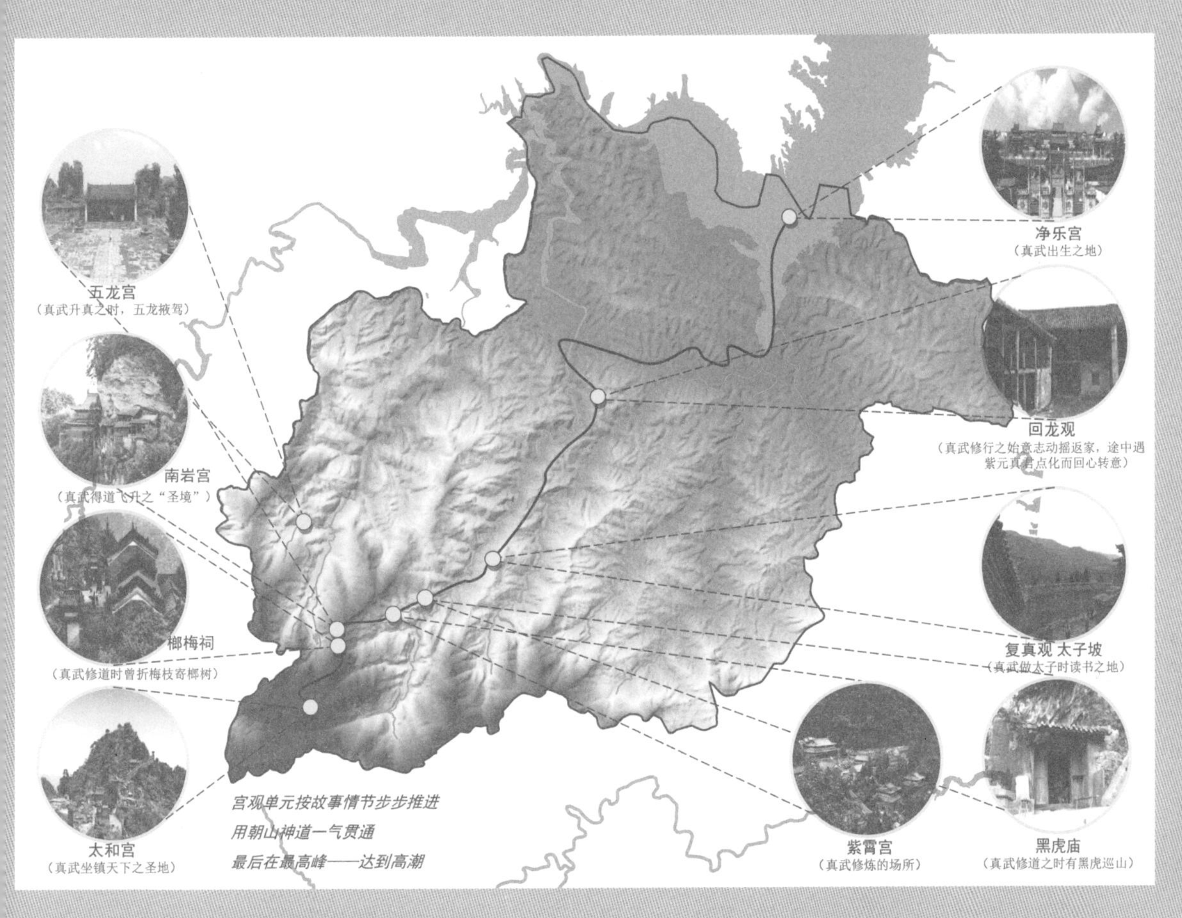

图5–9　以“真武修仙”叙事主题布局宫观

图5–10　均州静乐宫
（图片来源：清·王概《大岳太和山纪略》[1]）

5.3.2 修炼

根据《玄天上帝启圣录》中记载：紫气元君点化真武的地方是在磨针井。相传真武初入武当山，意志不坚定，欲返其家，放弃修炼，后经紫气元君点化，识迷途而重返，又入武当山修炼，因此，得名回龙观。

复真观为静乐国太子最初修炼的地方，故称“太子坡”。复真观之名来由，则是因太子修炼意志不坚，欲下山还俗，遇姥姆以铁杵磨针点化后，复回山中刻苦修炼，故名复真观。

龙泉观的来历有二：一说太子（真武）上山修炼时，他母亲善胜皇后紧追不舍，不让他上山修炼，太子用龙泉宝剑劈山成河，把母亲隔在河的对岸，断绝了母子恩情，后人建龙泉观；二说太子母亲眼见太子上山修炼，又追不上太子，痛哭流涕，泪如龙泉，故建龙泉观。据传，从前观内置龙泉宝剑，奉善胜皇后、太子像。

据《大岳太和山志》记，五龙宫在武当道教史上有着重要地位：唐贞观年间五龙宫是祈雨斋醮之地，姚简在此祈雨成功，而元皇帝仁宗与玄武神生日同为三月初三。

5.3.3 升仙

相传，太子（即真武）在武当山修行42年终于得道。在升天之前，他的老师紫元君化为美女来试他的心。那一天，太子身不由己地来到一台上，见一美女身着蝉衣，百般娇柔地要为真武梳妆换衣（后人将此地叫“梳妆台”），真武拒不梳妆，以为那美女是妖精变化，便抽出宝剑欲斩。那美女故意逃到一台，怒骂太子把她好心当坏心，称她受辱，便跳岩自杀（不料那美女跳岩后，化为一丝青烟，在云头现出紫元君原形，看太子咋办），太子追到一巨石上一看，惊慌失措，后悔莫及，便决心赔那美女一条性命（后人把他站的那块巨石称为“试心石”）。于是就跑到美女跳岩的地方，毫不犹豫地也跳了下去，这时有五龙捧拥他升天，后人便把他跳岩的地方称为“飞升台”。武当山有“五龙捧圣”的神话，一直流传至今。而太和宫金顶是真武冲举、乘辇上朝天阙的地方。

5.4 依托“自然地貌”划分“人、地、天”空间序列

5.4.1 武当山地貌海拔分布

武当山地区的大地构造，处于秦岭褶皱系南陵印支褶皱带，属大巴山脉东

延支脉，是群山如林的低山、中山区。在垂直角度上有三级夷平地，三级海拔依次为：1500~1600m、800m、165~200m。武当山早自更新世以后，受构造运动影响地壳，振荡频繁，经历了4次上升期和3次稳定期，造成多级阶梯地貌，因此沿汉江河谷地带有四级阶梯。

武当山处于北亚热带季风气候区，具有南北过渡属性，从丹江口水库沿岸到天柱峰顶，气候的垂直层带明显，兼有丰富的局部小气候。景区内，大体可分为三层气候区：高层，即朝天宫至金顶，海拔1200~1612m，年平均气温7.7~10.0℃，无霜期163~194d；中层，即紫霄宫至朝天宫一带，海拔750~1200m，年平均温度10.0~12.0℃，无霜期194~222d，降雨量995~1106mm；海拔750m以下的太子坡、武当山镇一带，年平均气温12.8~16.0℃，无霜期222~254d，降雨量843~995mm。

5.4.2 因山就势的设计

武当道教宫观由登山神道连接，因山就势、顺应自然，构成了中国道教名山的“天路历程”景象空间。中线神道建立在地形地貌空间基础上的“天路历程”道路空间，可以划分为三层空间形式来分析（图5-11）。

（1）第一空间“人间”——平缓式

从均州静乐宫至玄岳门是“人”的空间，在这段序列中，地势平缓（图5-12）。瑞府庵、自然庵、晋府庵、申府庵、紫阳庵等小型建筑沿30km的石板官道依次布置，每1.5～2.5km一处，均在人的视野范围之内。

在整体规划布局中，第一序列便是“人”的空间，有极好的节奏感，充满了人间的温馨，整个空间序列暗合着游人的心理需求。它能调动人们内心最深处的避世情结，触及心灵，能够让人接受宗教的神国思想，从而形成与众不同、与世隔绝的“心理场”和羽化登仙的玄幻空间意识。

（2）第二空间“仙山”——混合式

仙山的范围是从玄岳门到南岩，为“地”的概念（图5-13）。从玄岳门到南岩海拔200～900m，山势起伏较大，缓坡递增，有两条涧流横贯东西，地

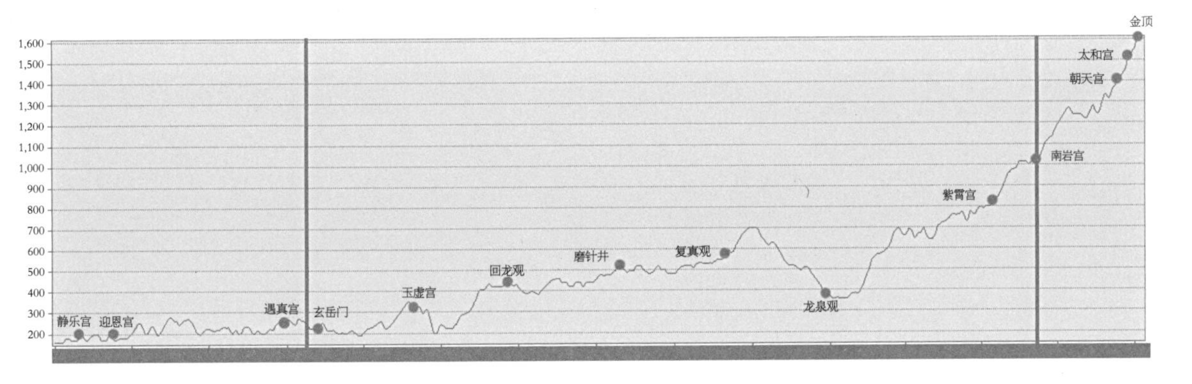

图5-11 中神路剖面图
（注：本图以ArcGIS中基于DEM数据提取的武当山剖面图为底图绘制）

形较为复杂。这一段在整个路途中是距离最长的一段，山峰、宫观错落有致，自然回旋高度和谐。该段道路沿线上的宫观布置非常平均，也相对疏远，平和地引导人们游历下一个空间，心理上更为舒适。

进山建“治世玄岳”石牌坊——玄岳门，海墁石阶，石柱粗壮，拔地而生，飞檐重叠。玄岳门是明嘉靖皇帝朱厚熜所赐，其意思是用真武神来治理天下。嘉靖三十一年（1552年），工部侍郎陆杰在《敕修玄岳太和山宫颠末》中写道：“入山出道，奉旨建石坊，命曰‘治世玄岳’。”也就是说，玄岳门建成后，作为官道与登山神道的分界线，成了区分山上与山下的标志物，也是古代

图5-12　均州静乐宫至玄岳门是“人”的空间

图5-13　从玄岳门到南岩是仙山的范围

进入武当山的第一重大门。民谣云："进了玄岳门，性命交给神；出了玄岳门，还是阳间人。"因此，可以说进入玄岳门即进入神峰宝地，将香客引入玄妙神奇的武当山。

根据山势运动的规律，按地势的坡度结合视点的收束来布局宫观。遇真宫、玉虚宫、五龙宫、紫霄宫、南岩宫这些大型宫观都坐落于山谷台地，是游人朝山道路上的重要节点，在心理上吻合山势起伏；而磨针井、回龙观、关帝庙、老君堂等宫观，都将道路与山势结合，根据山峰设置宫观，临水架桥。其跳跃的色彩、匠心独运的造型，在心理上更能引导游人的游览方向，形成了"层峦耸翠，上出重霄；飞阁流丹，下临无地。鹤汀凫渚，穷岛屿之萦回；桂殿兰宫，即冈峦之体势"以及"五里一庵十里宫，丹墙翠瓦望玲珑。楼台隐映金银气，林岫回环画境中"的神奇空间。

（3）第三空间"天国"——陡峭式

从南岩宫至金顶，是"天"的序列。从地貌角度看，南岩宫处于整个地貌中一个断裂层平坦处，适宜在此修建规模较大的宫观。而朝天宫在海拔1400m处，下瞰南岩宫，上通太和宫金顶，并在通往金顶道路的三处地势转折点上设置有三座天门。

这一带山体走势险峻，高低变化此起彼伏，辨识度极高。道教宫观各居险地，因山构室，岩头峰尖转角处或筑神祠，或设天门，作为方向和节奏上巧妙的转折点。环境空间具有强烈的美感，在精神层面赋予了神仙情节。特别是这一区域海拔在1000～1612m，受高山的影响，云雾缭绕（图5-14）。整个空间虚实结合，既清晰又朦胧，皇权的崇高与庄严、宗教的神秘得到了完美结合。

图5-14　从南岩到金顶是"天"的境界

第6章

山水、植被、建筑的互动关系——分布与环境

春秋时的管仲在《管子·乘马篇》中写道："凡立国都，非于大山之下，必于广川之上，高毋近旱而用水足，下毋近水而沟防省，因天材，就地利，故城郭不必中规矩，道路不必中准绳。"可见城市在选址的时候，重视地形、水文等地理环境条件，因地制宜，认为环境条件比规矩、准绳更为重要。

我国明代造园家计成在其著作《园冶》中说"相地合宜，构园得体"，这是对园林择址的精辟论述。任何园林的建立都离不开所处的自然地理环境，在山地环境中地貌条件复杂、自然环境多变，选择适合的位置尤为重要。道教修道的最终目标是得道成仙，在自身修炼的同时需要良好的自然环境。武当山道教宫观主要建设时期，由于生产力水平有限，人们没有足够的能力去改变环境，要想更好地生存只能不断调整自身来趋利避害，与自然和谐相处。其建造与发展更多依赖并利用自然环境因素，选择更适宜的地理位置来躲避自然灾害。所以，在古代宫观环境的选址上，选择最佳的地理位置以及方位是极其重要的。

在武当山道教宫观形成与发展的过程中，自然环境的影响更是无处不在。武当山道教宫观是在风水理论指导下建立起来的，顺应自然、利用自然、装点自然。在宫观选址、环境建设时，既不是消极地受制于自然，又不悖于自然，抓住山水做文章，并着眼于群体的变化。武当山道教宫观的迷人之处，在于它创造性地、不同程度地接受了某种富有人情味、以天人和谐为特色的建筑文化与美学的指导，体现了中国传统风水理论的包容性。

对武当山道教宫观自然地理环境的分析，对揭示宗教活动在山岳环境中的建设和利用具有重要意义。目前对于山林寺庙自然地理环境的研究多是描述性的定性阐述，对于定量的分析十分罕见，而定量的研究能够更加深入地理解宫观选址和地理分布的内在规律。所以，本文尝试从数据的角度分析武当山宫观分布与地理环境的关系，为风景园林学的选址分析提供定量化的分析手段和规律性的结论。

近年来，学术界已经从不同角度对各地区居民点的空间分布特征进行了深入而系统的研究，归纳和总结了一些理论方法，可为本研究借鉴。一般来说，在区域研究中，为了简化过程，不考虑道教宫观的面积大小，只将其作为一种空间点状现象，可以按照空间点状现象的空间分布理论进行研究。

在武当山宫观园林的分布规律研究中，以点状地图表象的空间分布特征分析理论为指导，以ArcGIS 10.0为平台，实现数据采集与空间分析，利用SPSS数理统计软件实现大批量数据计算与统计分析，针对结果数据并结合自然环境因素，进行武当山道观空间分布特征与影响因子分析。在GIS空间分析与处理中，利用ArcGIS提供的校正、屏幕跟踪矢量化功能，建立具有定位框架的研究区域多边形、宫观点、主要交通线图层、水体图层、高程图层等，并提取道观点平面坐标数据库文件，采用空间叠加分析的方法，对道观分布与高程、坡度、坡向、河流、金顶视线范围，以及与周围山体的关系等方面自然环境的空间关系进行研究。利用ArcGIS空间分析软件，将武当山宫观分布图分别与地形数据（DEM高程图、山体坡度图、山体坡向图）、水文数据（河流缓冲区图）和金顶视域图等图层进行叠加，提取武当山宫观园林的各种地理环境特征信息，再通过SPSS软件进行空间统计和相关性分析。试图通过以上数据分析研究，总结出武当山道教宫观的地理环境特征。

6.1 宫观分布与地理环境的关系

6.1.1 宫观分布与地形的关系

武当山是中国著名的道教仙山，地处山林，高低起伏的地形是地理环境中最显著的特征，直接影响了场地的可达性和建设的难度，从而影响了宫观的规模及分布。地形的高低起伏一般通过高程、坡度和坡向来表达。所以在进行武当山道教宫观的分布与地形相关性分析时，首先要对武当山地区的数字高程数据（DEM）进行整理，分别得出武当山高程图、武当山坡度图以及武当山坡向图，为之后的研究做准备。

（1）高程分析

高程是土地资源固有的环境因子，也是地形分析中最重要的部分之一。因为随着海拔的升高，环境中的光、热、水等因素都会产生一定的变化，再加上海拔较高处的交通运输通常受限，一般不利用其进行建设和生产，但选择过低的高程又有被洪水袭击的危险。所以在考虑武当山宫观选址的适宜度时，高程是必不可少的控制因素。

根据1：50000数字高程图、文献资料、田野调查所得的基础数据可知，武当山风景区的高程介于150m与1612m之间，利用GIS数据管理工具，构建DEM栅格数据属性表，添加高程数据并利用栅格计算器将数值取整，得到武当山山体平均高程460m，标准差268m，整体上随着高程的增高，山地面积显著减小（图6-1）。

将DEM高程数据按150m等间隔分级，得到150~300m、300~450m、450~600m、600~750m、750~900m、900~1050m、1050~1200m、1200~1350m、1350~1500m、1500m十个等级，并由浅及深将不同的高程设置不同的颜色，得到较为直观的武当山DEM高程图。然后利用实地采集的宫

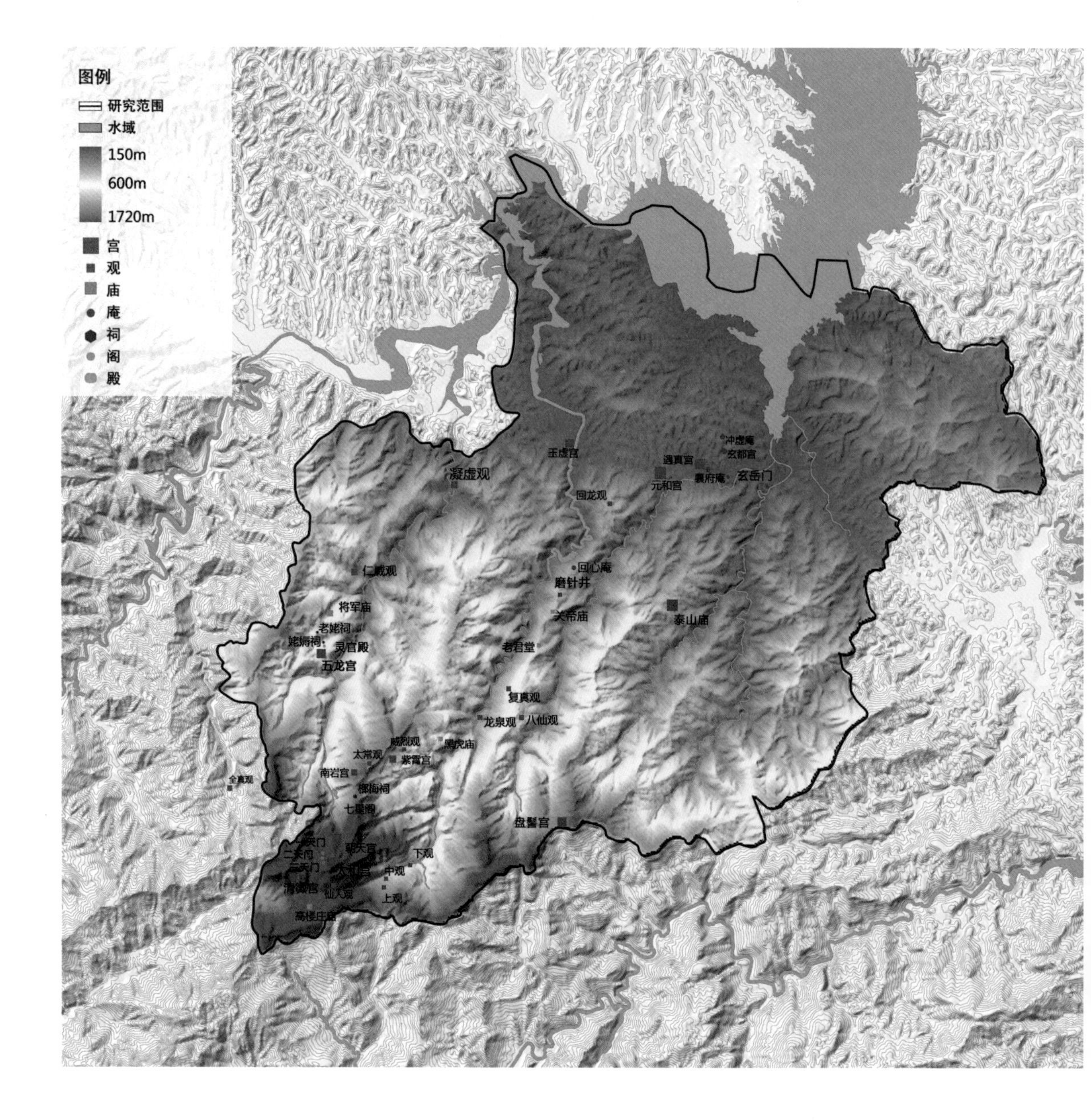

观坐标数据与1∶50000地形数据中各宫观图层的位置进行对比矫正和补充，完成武当山宫观分布图。最后，将武当山宫观分布图层与DEM高程图层叠加，制作武当山宫观分布与高程关系图（图6-2）。

图6-1　武当山宫观分布与高程的关系

通过统计软件SPSS 18.0对33个武当山宫观分布的高程状况进行统计分析，求得均值μ=701.97m，标准差为415.34m，并得到数组的柱状图（图6-3）。

根据武当山宫观图层连接到面数据高程图层，得到各宫观高程数据属性信息表，并对武当山道教宫观在不同高程分布数量进行统计（表6-1）。

1 根据宫观的尺度、功能和祭祀区院落类型，将宫观分为三类：大型宫观，祭祀区有多进院落；中型宫观，祭祀区由建筑围合成一进院落；小型宫观，只有一个建筑，如一天门、玄岳门等。本章所指的宫观是整体的概念，是全山维度中的一个组成部分，而并非指某个宫观的附属建筑。比如南岩宫南天门、北天门以及紫霄宫东天门等均不在此列。

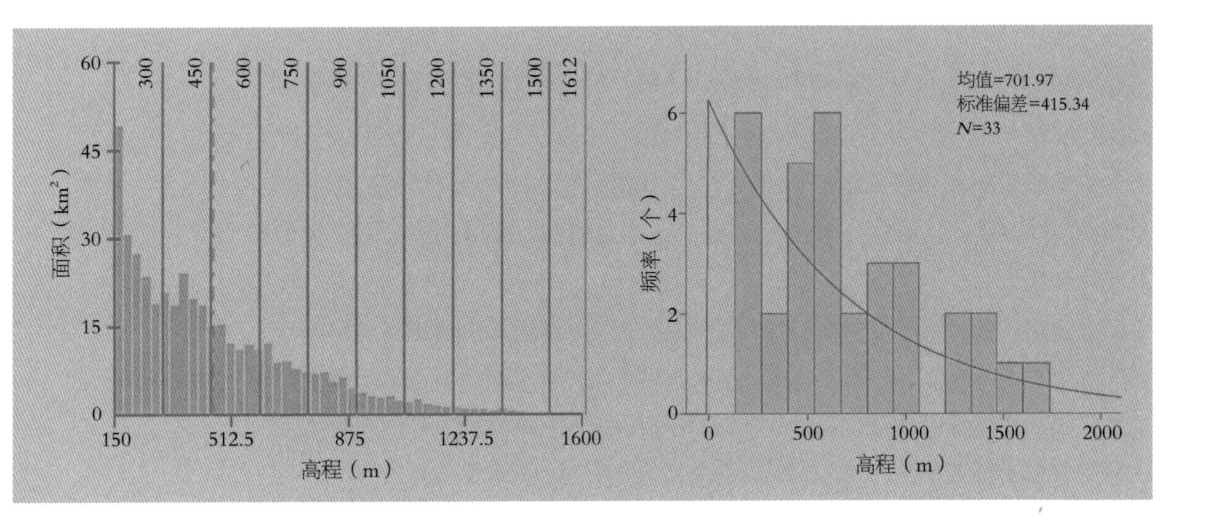

图6-2 武当山道教宫观分布与高程关系图

图6-3 武当山道教宫观分布的高程柱状图

武当山各高程道教宫观分布数目（单位：个） 表6-1

	150~300m	300~450m	450~600m	600~750m	750~900m	900~1050m	1050~1200m	1200~1350m	1350~1500m	1500m以上	合计
数量	6	5	4	5	3	4	0	2	3	1	33
大型	2	0	1	1	2	1	0	0	0	1	8
中型	3	4	3	2	1	3	0	2	0	0	18
小型	1	1	0	2	0	0	0	0	3	0	7

武当山的宫观在各高程均有分布，最低的遇真宫海拔180m，位于武当山脚下，因丹江口水库蓄水抬升15m；最高的太和宫金殿位于1612m的山峰。其中，高程小于300m的宫观有6个，300~450m有5个，450~600m有4个，600~750m有5个，750~900m有3个，900~1050m有4个，1050~1200m无宫观分布，1200~1350m有2个，1350~1500m有3座天门，1500m以上只有太和宫分布。总体来说，武当山宫观与高程呈负相关，即武当山宫观分布数量随着海拔的增加而减少。在150~1050m分布较多，且分布数量随高程增加有缓慢减少的趋势；而在1050m以上宫观分布较少，仅为6个，且只有1个为大型宫观，其他5个是它的附属宫观。大型宫观在1050m以下分布基本平均，中型宫观的分布总体上呈平均状态，小型宫观则在较低和较高处有分布[1]。为了满足武当山道教的宗教功能，沿途在不同的高程处均有宫观园林分布，但随着海拔的升高，建设难度逐步增大，所以宫观的数量和规模都有一定的减少。

（2）坡度分析

坡度是指地表面的倾斜或陡峭程度，影响着地表物质流动和能量交换的规模与强度，可以用角度、比值或百分比来表示。坡度越大，地形越陡峭。地形的陡缓直接影响土地的利用和建设的难度，一般坡度越大，施工难度越大，所消耗的费用也就越大，但过小的坡度容易导致场地积水。所以，在坡度选择时要根据实际情况而定。可以说，地表坡度也是制约宫观布局的重要因素。

将武当山DEM栅格数据进行表面分析，提取出武当山的地形坡度。可知，武当山风景区的山体坡度介于0°~67°，平均坡度20°，基本符合正态分布曲线（图6-4）。

为了达到较高的精度，在坡度图绘制时采取较小间距的分级，以1°为分单位填充不同的颜色加以区分。从武当山山体的坡度分布图上看，坡度较大的地区集中分布于海拔较高的天柱峰附近，与古人的直观感觉相一致。叠加武当山宫观分布图层与坡度图层，绘制武当山宫观分布与坡度关系图（图6-5）。

将武当山宫观分布图与坡度图层相关联，得出各宫观的坡度值。发现在坡度值大于33°的地形上没有宫观分布，于是将武当山坡度图按耕地坡度中的Ⅰ、Ⅱ（0°~5°）、Ⅲ、Ⅳ（6°~25°）和Ⅴ（26°~33°）重新分类，得到不同坡度上的宫观园林数目，如表6-2所示。

通过统计软件SPSS 18.0对33个武当山宫观分布的坡度状况进行统计分析，数组近似服从正态分布。求得均值μ=15.55，标准差为9.216，并得到数组的正态分布曲线如图6-6所示。

武当山道教园林的选址与地理环境有着密切的关系。坡度和缓的地形便于人类从事各种生产活动和聚居环境的建设；但是在平地少、山地多的地区，充分利用山地，尽量减少土方工程量，节约建设投资则更具有现实意义。

从各坡度武当山的宫观分布来看，在0°~33°均有分布，主要集中在0°~22°，共有28处宫观分布，占总数的84.8%；仅有一、二天门和榔梅祠3组中小型人工构筑物建在坡度超过30°的坡地上，而在超过33%的坡地上没有建筑存在。不同类型的宫观选址有明显的差异，其中大型宫观分布于0°~22°，

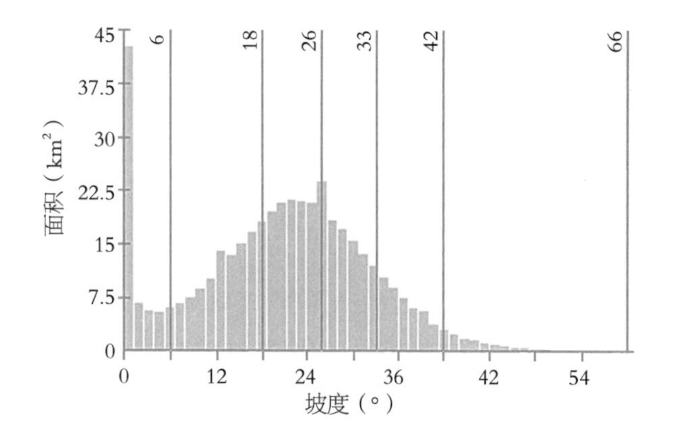

图6-4　武当山山体坡度分布图

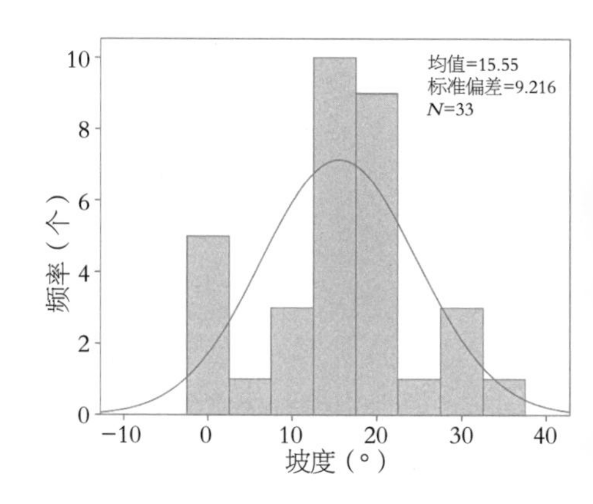

图6-6　武当山道教宫观分布的坡度柱状图

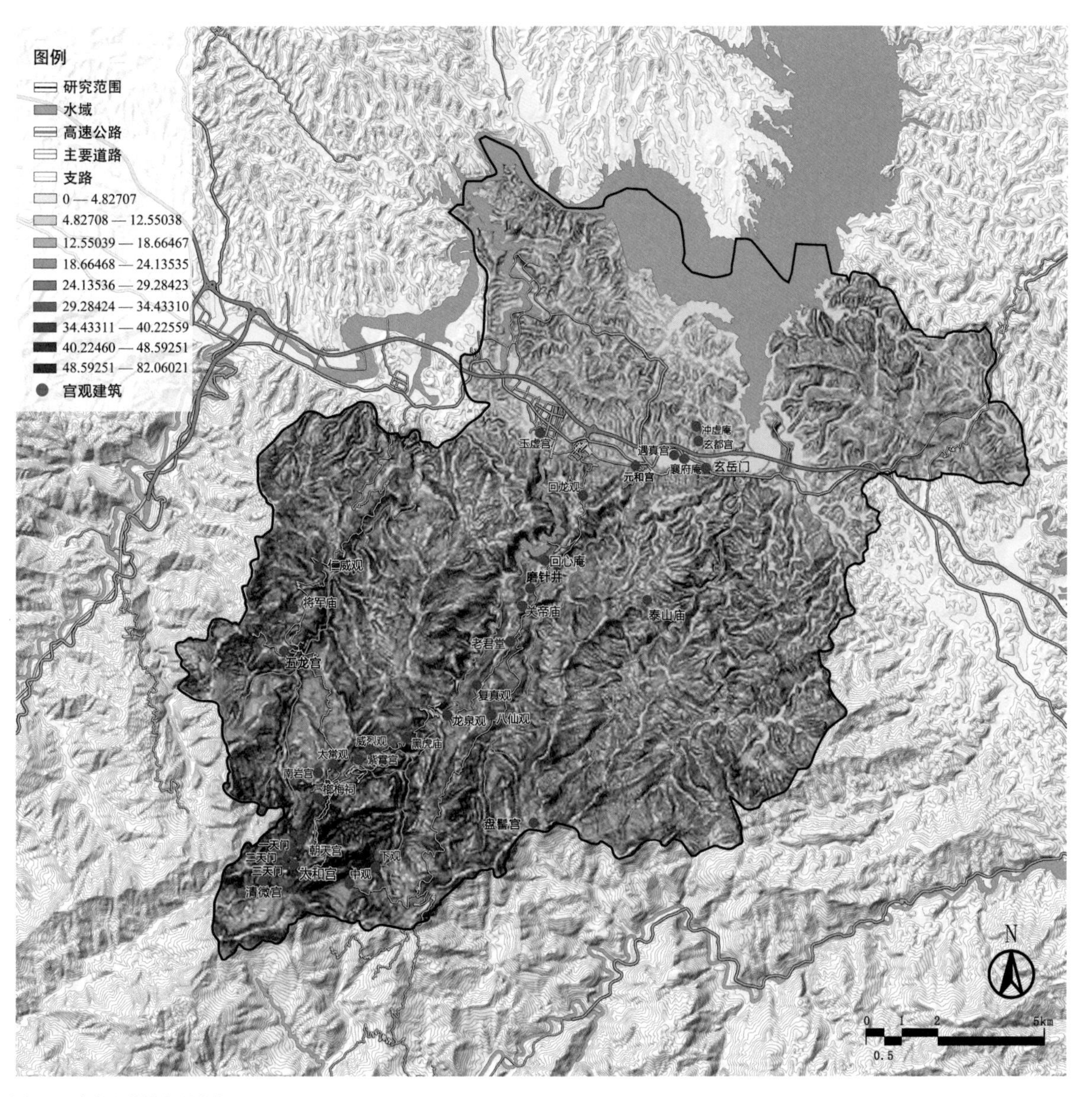

图6-5 武当山道教宫观分布与坡度关系图

武当山各坡度道教宫观分布数目（单位：个） 表6-2

	0°~5°	6°~25°	26°~33°	合计
数量	6	22	5	33
大型	3	5	0	8
中型	3	13	2	18
小型	0	4	3	7

平均坡度7.71°；中型宫观分布于0°~32° ，平均坡度14.68°；小型宫观分布于14°~44° ，平均坡度24.71° 。因为平坦的场地有利于建设，且较少发生泥石流等自然灾害，所以规模较大的宫观多选址坡度较小的场址建设，而小建筑对于坡度要求较少，但没有在33° 以上建设。地面坡度很大程度上影响了宫观的建设和使用，进而对武当山宫观分布有着显著的影响。

（3）坡向分析

坡向即坡面的朝向，表示某处最陡的倾斜方向。由于光照、温度、风速、雨量、土壤等因子的综合作用，坡向影响植物的生长，使植物和环境的生态关系发生变化。一般情况下，向光坡（阳坡或南坡）和背光坡（阴坡或北坡）之间温度或植被的差异很大，这是由于绿色植物生长受到的光照程度不同。此外，由于不同坡向日照效果也不一样，而在古代宫观选址中需考虑采光效果，因此，把坡向的采光性作为选址的一个重要因素。

利用GIS软件分析武当山风景区DEM高程图获得坡向图层，根据坡向的角度不同将坡向分为九类，即东（67.5° ~112.5° ）、东北（22.5° ~67.5° ）、北（0° ~22.5° 及337.5° ~360° ）、西北（292.5° ~337.5° ）、西（247.5° ~292.5° ）、西南（202.5° ~247.5° ）、南（157.5° ~202.5° ）、东南（112.5° ~157.5° ）及平地（-1）。在GIS软件可视化表达中以不同颜色加以区别表示，并将武当山宫观分布图层与坡向图叠加，制作武当山宫观分布与坡向关系图（图6-7）。

统计武当山道教宫观在不同坡向的分布情况，如表6-3所示。

从武当山风景区各坡向道教宫观分布数目上看，各坡向均有道教宫观分布，其中西向分布最多，东南向、南向和西北向次之，北向、东向和平地再次之，东北向、西南向分布最少。

武当山作为道教名山，宫观布局深受道家思想和风水思想的影响。风水学讲究山环水抱，其中，背山面水的基本格局也是风水观念中的宅、村、城的最佳选址。不难想象，具备这样条件的一种自然环境有利于形成良好的生态和局部小气候。因为武当山风景区总体地势西南高、东北低，山体脊线整体呈东北-西南走向，而在垂直于山体走向方向更容易出现风水学中所要求的背山面水，所以宫观选址坡向与山体走势平行方向较少。

然而，小型宫观园林包括天门、牌坊等对光照要求不高的人工构筑形式，将其除去再统计可以得出：在西向分布6个，南向分布5个，东南向分布4个，西北向、平地和北向分布3个，东向分布2个，东北向和西南向各分布1个。西向、南向和东南向分布较多，基本符合光照和风向的要求。坡向的分布与光照和风向都有关系。武当山地区四季盛行偏东风，背风坡更适宜居住；而从采光角度考虑，阳坡有利于更好地接受太阳光。武当山处于中国

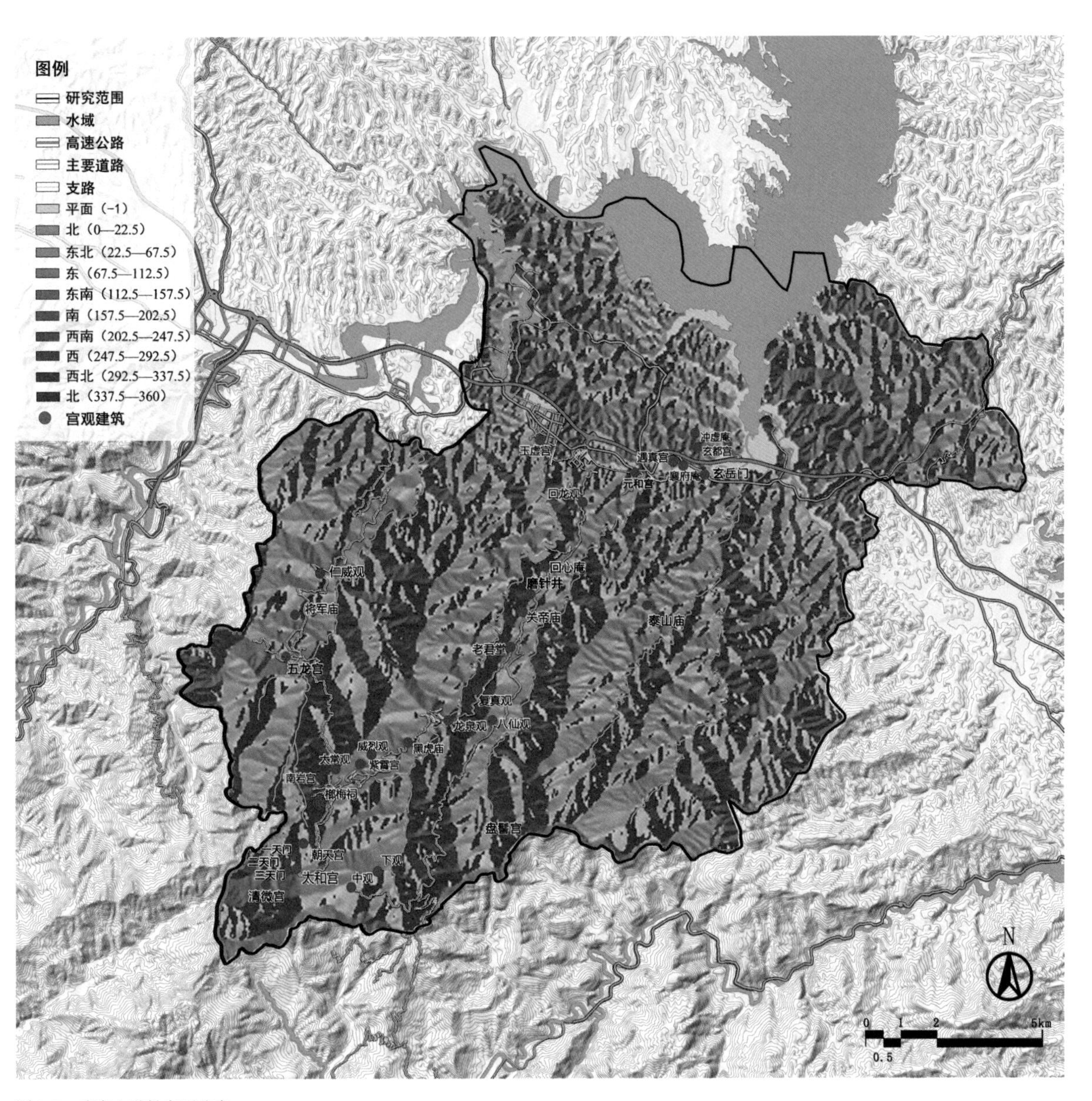

图6-7　武当山道教宫观分布与坡向关系图

武当山各坡向道教宫观分布数目（单位：个）　　表6-3

	北	东北	东	东南	南	西南	西	西北	平地	合计
总数	4	1	3	5	5	1	6	5	3	33
大型	0	1	1	2	1	1	1	0	1	8
中型	2	0	0	2	4	0	5	3	2	18
小型	2	0	2	1	0	0	0	2	0	7

南北方的交界地区，“冬寒而不寒，夏热而不热”，对光照和风向的要求并不明显。

6.1.2 宫观分布与水系的关系

水与人们的生活、生产密切相关，是影响宫观园林择址的重要因素，同时还具有调节小气候的作用。因为农耕时代工具简陋、取水困难、生产力不发达，所以在选址时必须要考虑附近有无水资源，能否保证人们的生活、生产。为取水方便就要求不能距离河流太远，但是河流有时会洪水泛滥，距离太近容易遭受灾害，所以又要与河流保持一定的距离。所以说，与河流的距离直接影响了道士的生活和宫观的长久，无疑是一个重要的环境因素。因此，武当山道教宫观的选址与河流间的距离控制至关重要。以武当山为发源地的水系有3条，即剑河、东河、九道河，这些流域植被覆盖率在52.5%~68.6%。全山雨量充沛，但由于流域谷狭坡陡，河道比降大，属季节性河流，暴雨时河水猛涨，雨后河水骤退，因此到冬春季节，除少量深涧外，一般河流几乎断流。

本书运用地理信息系统的缓冲区空间分析功能，分析武当山宫观园林的分布与河流之间的关系。因为在缓冲区为800m时，宫观分布较多区域的两条河流的缓冲区基本重合，所以选择距离800m的范围来对河流缓冲区进行分析，分别建立0~100m、100~200m、200~300m、300~400m、400~500m、500~600m、600~700m、800m以上八级河流缓冲区域，以及0~200m、200~400m、400~600m、600~800m、800m以上五级河流缓冲区域，并对其进行分层设色，再将武当山宫观园林分布图层与河流缓冲区图层叠加生成武当山宫观园林与河流缓冲区关系图，为明显表明河流缓冲带的色差，如图6-8所示，为五级缓冲带。

分别对各河流八级和五级缓冲区各类宫观园林数目进行统计，结果如表6-4所示。

总体上看，武当山宫观主要分布在距离河流200~600m缓冲区范围内，随着与河流距离的加大而有更多的宫观分布。在100m缓冲区内只有龙泉观分布。据记载，1935年7月，被特大山洪冲毁大部，仅存三间大殿墙体。今天看到的是由湖北省政府拨款在2003年重建后的龙泉观。

湿润多雨是武当山的气候特征，年降水日110d左右，且雨热同季，4~10月雨量占全年的85.2%，有利于农业生产；在调查时发现，几乎所有宫观都靠井或岩石的渗水来满足道士的基本生活需求。所以武当山的生活和生产对河水的依赖不是很大，而河流在洪水暴发时威胁很大，历史上记载的武当山宫观的严重毁坏很多都与山洪暴发有关。所以在宫观选址时，大部分较大宫观选择在离河流较远处的山坡上，以减少洪水带来的灾害。

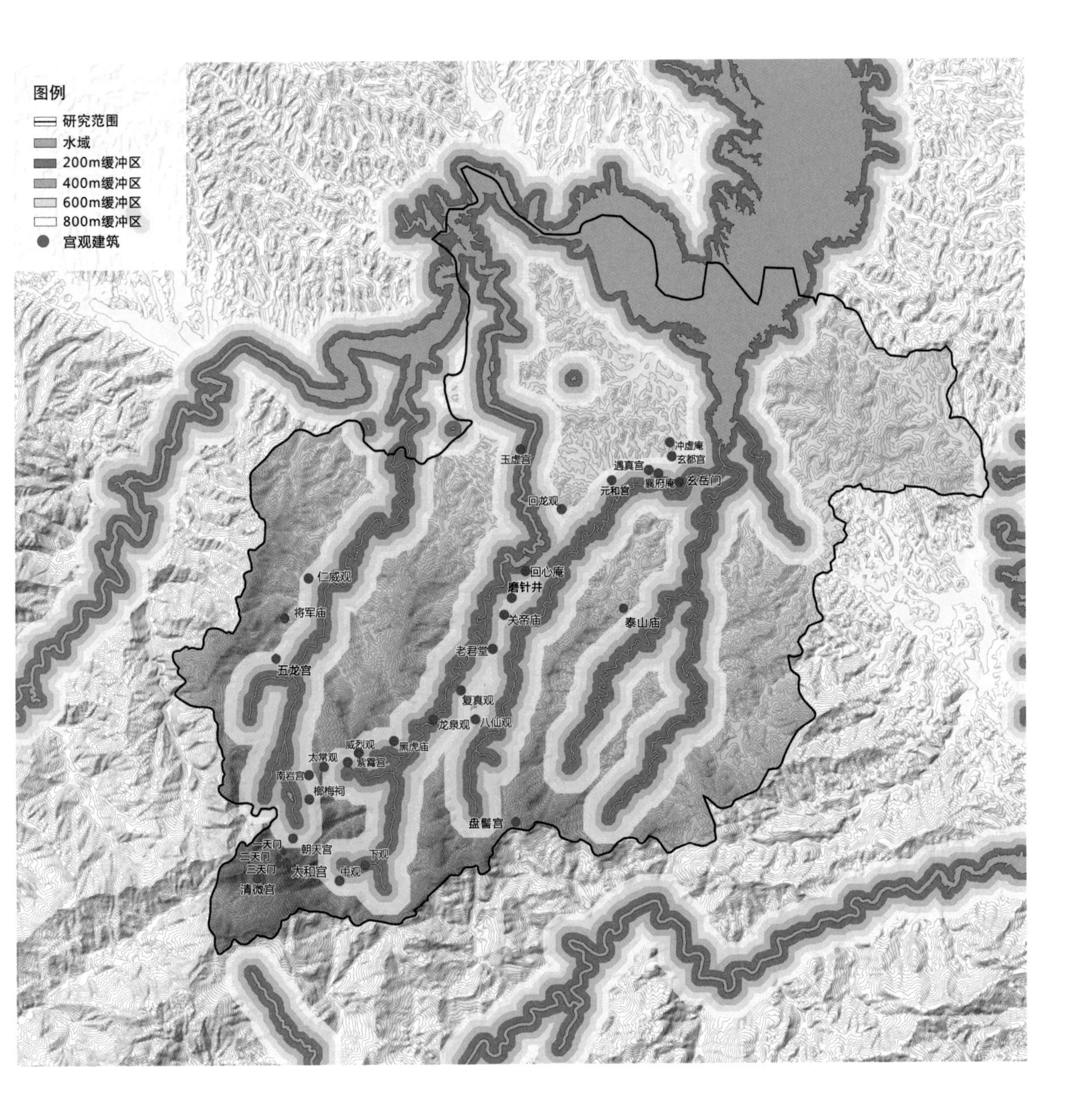

图6-8 武当山道教宫观分布与水系关系图

武当山各河流缓冲区道教宫观分布数目（单位：个） 表6-4

	0～200m	200～400m	400～600m	600～800m	800m以上	合计
数量	3	8	9	5	8	33
大型	0	2	3	2	1	8
中型	2	3	6	3	4	18
小型	1	3	0	0	3	7

	0～100m	100～200m	200～300m	300～400m	400～500m	500～600m	600～800m	800m以上	合计
数量	1	2	3	5	4	5	5	8	33
大型	0	0	1	1	1	2	2	1	8
中型	1	1	0	3	3	3	3	4	18
小型	0	1	2	1	0	0	0	3	7

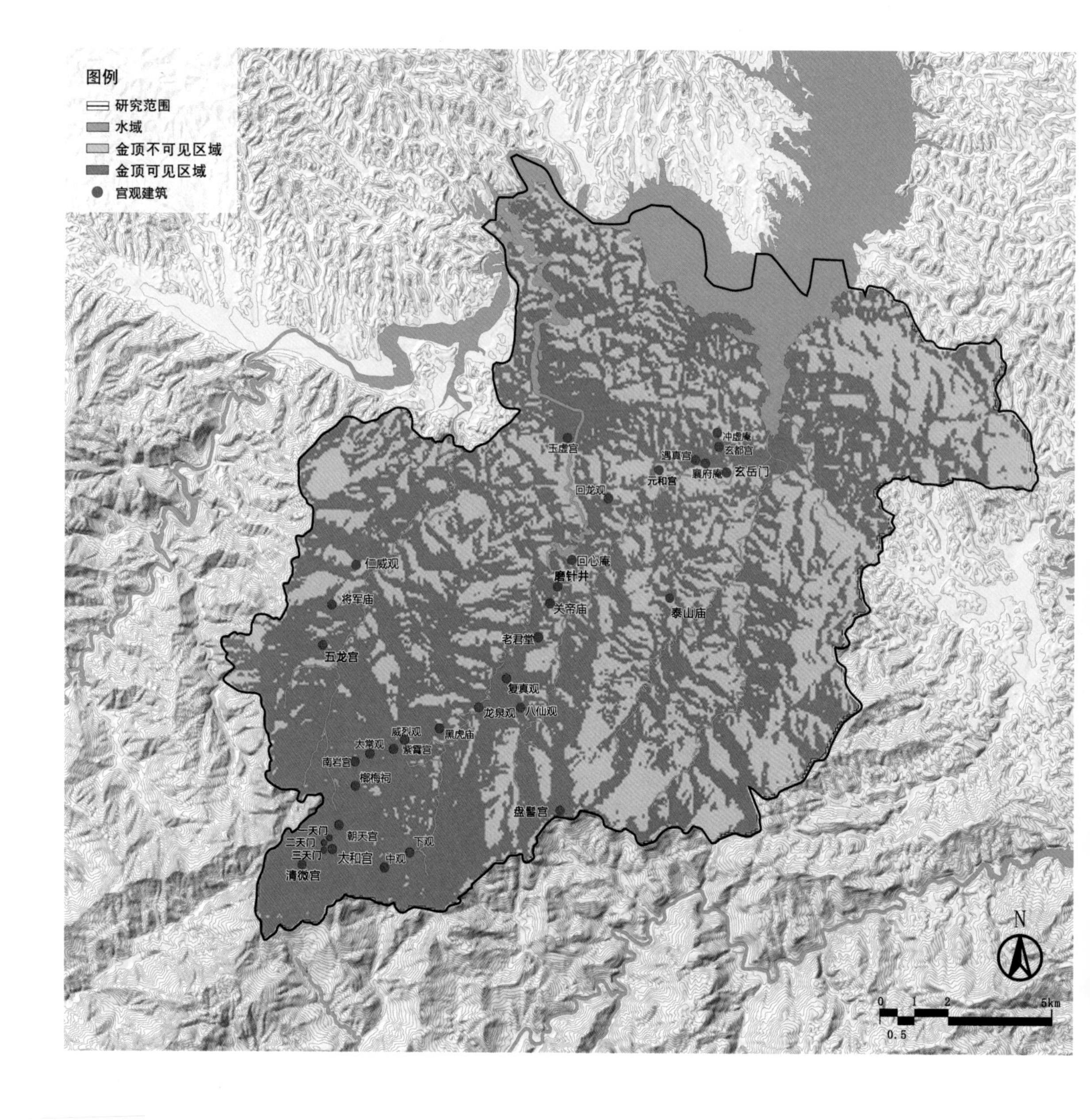

图6-9 武当山道教宫观分布与金顶视域关系图

6.1.3 宫观的分布与金顶的视域关系

金顶位于武当山天柱峰之巅，形成对整个山体的控制，全山很多宫观对金顶形成拜望（图6-9）。统计各宫观分布与金顶的视域关系，如表6-5所示。

在统计的33个武当山道教宫观中，21个分布在金顶的视域范围内，占总数的63.6%，而8个大型宫观中仅有玉虚宫不在金顶的视域范围内，中型宫观中的绝大部分也在金顶的视域范围内，连远在百里外的古均州静乐宫也可遥望天柱峰。玄岳门、太子坡、老君堂、紫霄宫、南岩宫、五龙宫、太和宫等在历史上十分重要的宫观均将金顶雄姿纳入视野。并且，金顶视域内的道教宫观复真观、太玄观、回龙观、南岩宫、五龙宫中都有拜望金顶的“拜斗台”。可见，金顶作

1 陈晓玲，赵红梅，田礼乔. 环境遥感模型与应用［M］. 北京：科学出版，2008.
2 李苗苗，吴炳方，颜长珍，等. 密云水库上游植被覆盖度的遥感估算［J］. 资源科学，2004，26（4）：153-159.

武当山金顶视域宫观分布数目（单位：个） 表6-5

	可见	不可见	合计
数量	21	12	33
大型	7	1	8
中型	11	7	18
小型	3	4	7

为武当山的最高峰，从视觉的角度对全山道教宫观起到了显著的控制作用。

6.1.4 宫观分布与地理环境关系特征

武当山道教宫观主要分布在剑河与水磨河之间，沿主要登山神道呈线性分布，且距离较为均匀，武当山宫观的分布主要受高程、坡度、河流距离及金顶视域等地理因素的影响。随着海拔的升高，宫观的数量和规模逐渐减少；宫观集中分布在0°~25°，在33°以上没有分布；从宫观分布与坡向相关性分析来看，武当山宫观主要分布在山脊线走向垂直方向，即西、南和东南坡向，其次是西北、平地和北向，而沿山体走势方向的东北和西南向分布最少。武当山宫观主要集中于河流沿岸200~600m的范围内，且呈现出随距河流沿岸距离增大而数量增多的趋势。从视域角度上，33个宫观中有21个分布在金顶的视域范围内，可拜望金顶，这表明金顶作为地标，对全山的宫观具有突出的控制作用。

6.2 植被覆盖率与地形因子的关系

归一化植被指数（*NDVI*）是用于反映植被生长状况的重要指标，同时也是计算植被覆盖度的重要参数[1]。山地复杂的地理环境是影响植物覆盖度的主要原因，其中高程、坡度、坡向是重要的地理环境因子。

通过地理空间数据云网站下载得到2017年7月24日遥感影像数据，空间分辨率均为30m×30m，遥感影像成像时间在7月，云量较少，图像质量良好，能够充分代表研究区植被覆盖的一般情况。

*NDVI*的计算公式为$NDVI=(NIR-R)/(NIR+R)$。式中，*NIR*和*R*分别代表近红外波段和可见光红光波段，对应Landsat8OLT影像中的第五波段和第四波段。

在计算得到*NDVI*的基础上，通过像元二分模型把NDVI转化成植被覆盖度F_c[2]，计算公式如下：$F_c=(NDVI-NDVI_{soil})/(NDVI_{veg}-NDVI_{soil})$。式中，$NDVI_{soil}$和$NDVI_{veg}$分别指研究区无植被覆盖区和完全植被覆盖区像元的*NDVI*值，但不同地区、不同影像图的$NDVI_{soil}$和$NDVI_{veg}$的值是不同的，在准确真实的数据情况下，通常分别选取累计频率为5%的*NDVI*值为$NDVI_{soil}$，累计频率为95%的*NDVI*值为$NDVI_{veg}$（图6-10）。

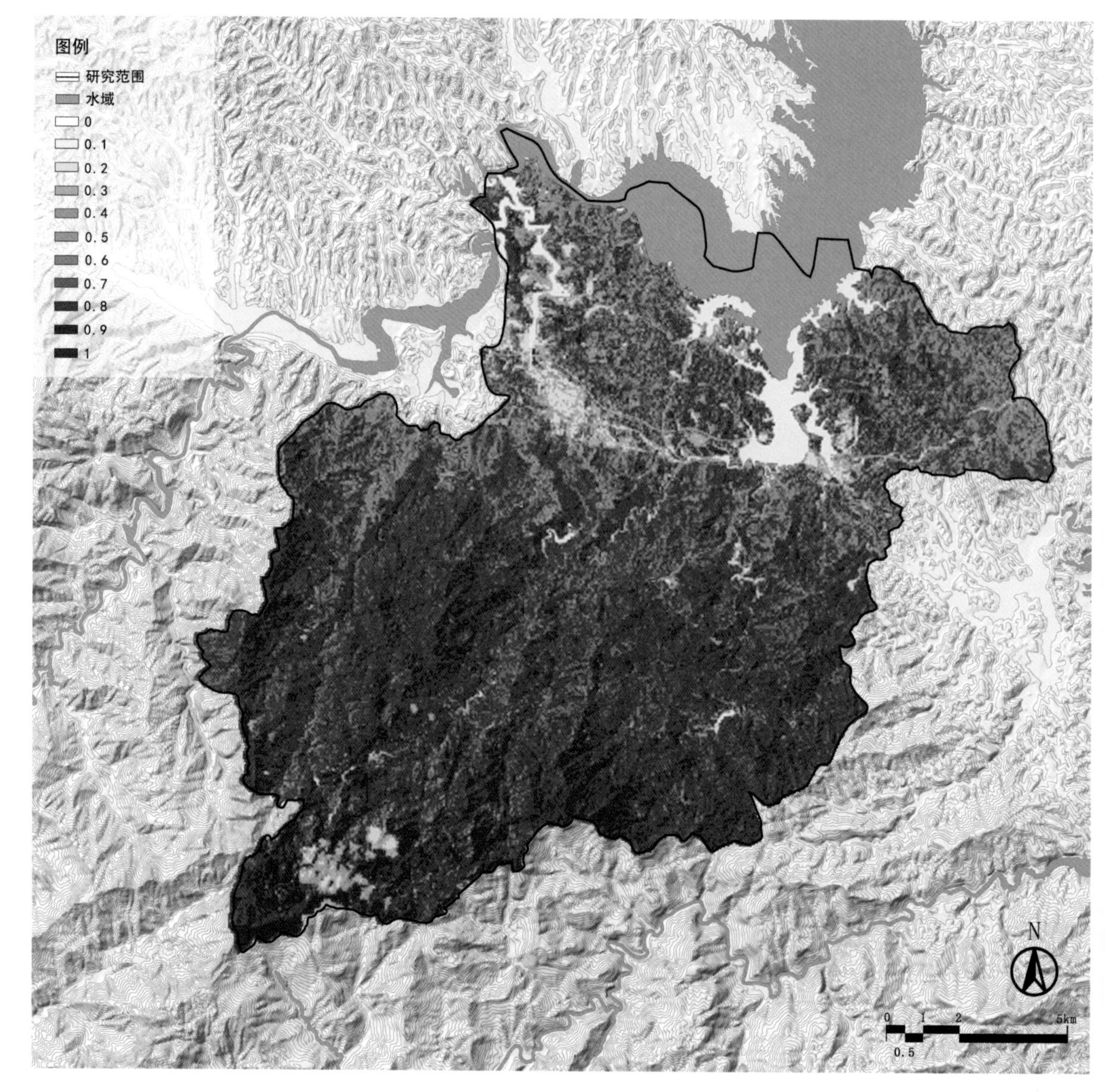

图6-10　武当山植被覆盖率

运用ArcGIS10.2软件，以1：50000数字高程图构建的DEM数据为基础，分别提取研究区内坡度、坡向，对研究区高程、坡度、坡向划分等级，然后将植被覆盖图与各地形因子进行拟合叠加分析。

6.2.1　植被覆盖率随高程变化特征

随着海拔的升高，山地气温下降，降雨量和相对湿度随之增加，使得区域水热分布产生水平差异。武当山范围内，海拔100～1612m跨越较大，土壤质地不同，植被垂直分布明显，植被覆盖率也不尽相同。

通过统计高程<500m、500～1000m、1000～1500m、>1500m四个区

1 Ostendorf B，Reynolds J F. A model of arctic tundra vegetation derived from to pographic gradients [J]. Landscape Ecology，1998，7 (13)：187-201.
毕如田，武俊娴，曹毅，等. 涑水河流域地形因子对植被指数变化的影响 [J]. 中国农学通报，2012，28 (35)：257-263.

研究区不同高程的植被覆盖率　　表6-6

高程（m）	面积（m^2）	植被覆盖面积（m^2）	植被覆盖率
＜500	332175008	225751008	0.679615
500～1000	178596000	147192000	0.824162
1000～1500	58129800	48746500	0.838580
＞1500	375300	205515	0.547602

间的植被覆盖率（表6-6），得出研究区平均植被覆盖度随着高程的升高呈增加趋势，在海拔小于500m和大于1500m的范围内较小，分别为68.00%和54.76%，在海拔1000～1500m达到最大值83.86%。

在高程上，高程小于500m的区域，地势平缓，水资源充沛，交通便利，大部分区域被开发，人类活动频繁，大量林地被破坏，所以植被覆盖率较低。随着高程的升高，人类干预减少，植被覆盖率逐渐增加。高程在500～1000m时，植被覆盖率增长较大，说明该高程地形环境很适合植被生长，人为干预减少。高程在1000～1500m时，植被覆盖率有所上升，但涨幅不大，说明高程与植被覆盖率有一定的正相关性，仍在植被适宜的生长范围内。当高程大于1500m时，植被覆盖率有所减少，原因是研究范围内1500m以上的区域面积较小，且均位于金顶附近，山势陡峭，在坡度陡峭处植被难以生长，而在坡度平缓处大多修筑为宫殿。

6.2.2　植被覆盖率随坡度变化特征

坡度表示局部地表的倾斜程度，直接影响地表物质能量的交流转化方式与程度，不仅能改变土壤的基本属性，而且在很大程度上能影响地表植被的分布态势[1]。由表6-7可知，研究区域平均植被覆盖率随坡度的增大呈先增大、后减少趋势，在坡度为35°～45° 时，植被覆盖率达到了最大值72.21%。

不同坡度的植被覆盖率　　表6-7

坡度	面积（m^2）	植被覆盖面积（m^2）	植被覆盖率
＜8°	212411008	147868992	0.696146
8°～15°	240404992	169424000	0.704744
15°～25°	266392992	189479008	0.711276
25°～35°	240351008	173202000	0.720621
35°～45°	172320000	124438000	0.722133
＞45°	101909000	70388200	0.690697

坡度为15° 以下时，由于地势平缓，海拔较低，适宜人们开发利用，因此植被覆盖率较低；坡度在15°～45° 时，随着人类活动的逐渐减少，植被的覆盖率呈现上升趋势；而当坡度大于45° 时，土壤可以储存的雨水和积温会减少，同时由于雨水的冲刷，土壤保水性变差，植物所需的营养物和矿物质含量也相应变小，因此植被长势情况往往较差，植被覆盖率较低。

6.2.3 植被覆盖率随坡向变化特征

位于不同坡向的植被，所接受的太阳辐射量不同，雨水条件也有所差异，因此植被覆盖率也呈现一定的差异性[1]。由于研究区域范围较大，山势复杂，不同高程范围的植被覆盖本身就有所差异，因此本文在坡度与植被覆盖率的变化特征研究中引入高程这一要素，在不同的高程范围内研究两者之间的规律性。

如图6-11所示，在150～1000m，东坡、南坡、东南坡植被覆盖率较高，这是因为在此范围内山脉走势大体由西南向东北方向延伸，因此这三类坡向年积温比其他坡向高，植被生长条件较其他坡向好，植被覆盖率也较高；而在海拔1000m以上时（主要是金顶周边），山体走向呈东西向，南面受阳光照射植被生长条件好，植被覆盖率比北面的略高，因此西坡、南坡、西南坡这三个方向的植被覆盖率较高。此外，在150～500m与1500m以上两个高程范围内，平地的植被覆盖率出现异常低值。这是由于在150～500m的平地内分布着大面积的建设用地和水体，而在海拔大于1500m的范围内，由于平地面积较少，仅有约3000m²，同时分布着大量的宫殿建筑，因此植被覆盖率相对较低（表6-8）。

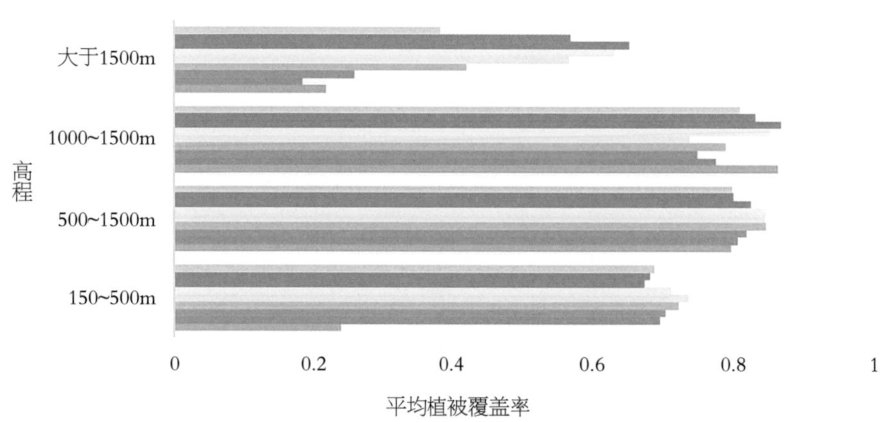

图6-11　不同高程下各个坡向的植被覆盖率

1 朱林富，杨华. 基于MODIS数据的重庆NDVI时空分异研究［J］. 重庆师范大学学报（自然科学版），2015，32（2）：38-43.

研究区不同高程下各个坡向的植被覆盖率 表6-8

	植被覆盖率	150 ~ 500m	500 ~ 1000m	1000 ~ 1500m	大于1500m
平地	0.693736	0.239743714	0.796827	0.86430406	0.217791206
北坡	0.708037	0.695697003	0.805649	0.77568862	0.183671482
东北坡	0.708576	0.703862382	0.818420	0.74938516	0.260321116
东坡	0.709407	0.721841984	0.846520	0.78884458	0.421480817
东南坡	0.707266	0.735633243	0.844796	0.73848990	0.567587918
南坡	0.697123	0.712102309	0.846894	0.85269996	0.631051632
西南坡	0.693816	0.673769425	0.825369	0.86843523	0.652335877
西坡	0.695020	0.682453047	0.800032	0.83069028	0.570565723
西北坡	0.705073	0.687661172	0.798470	0.80877873	0.385566376

第7章

样本与阅读——武当山风景单元的景观构成

武当山道教宫观建筑群讲求山形水势、聚气藏风，根据“天人合一”的哲理，使得建筑与自然达到高度统一与和谐。本章在分析山水、植被、建筑互动关系的基础上，选取5个最具典型性、保存最为完整的宫观，以宫观及周围环境为研究范围，在中观层面上分析“建筑”“山水”“植物”之间的关系，以理解从宏观选址到微观布局的尺度转换。

7.1 太和宫

道教认为高山之顶与天庭相近，是天地交汇之处，有神仙真人在那里出没。太和宫位于天柱峰及其附近海拔1400～1612m的高处，此段坡度陡峭、山势陡峻、山容超群。武当72峰36岩中有41峰、11岩在天柱峰附近（图7-1、图7-2），太和宫的规划设计顺应并充分利用了“七十二峰朝大顶”的山水格局，以天柱峰为中心，将其作为朝圣、朝天的目的地。

自朝天宫至太和宫之间修建明神道，历经一天门、二天门、三天门至朝圣门（图7-3），随着地势的升高，天门之间的磴道坡度逐渐变陡，两侧的植物多为大型乔木，伴随时隐时现的山涧，云雾缭绕，仙山天国氛围愈加浓郁。由朝圣门下53级磴道便进入太和宫西道院，经皇经堂院落后可上至太和宫前院，再经分布于中轴线上的小莲峰、朝拜殿、太和殿进入南天门。由南天门进入紫金城，东侧为登山道，城墙随地势抬高，登山步道经过灵官殿时城墙与建筑的屋顶相接，整个登山空间较为局促，光线变暗，出灵官殿长廊后，周围多为灌木和裸露的石头，视线开阔，光线变亮，此时低头可俯瞰整个太和宫，向上接“之”字形九连蹬通向山顶金殿。西侧为下山道，植被茂密，随着山体设置“之”字形道路，至城墙转为平缓坡道，一侧为山石，一侧为高低起伏的城墙，人工建筑与山体变化相结合，塑造了丰富的空间体验。

太和宫背靠天柱峰、面朝小莲峰，坐北朝南，受地形条件限制，布局相对自由（图7-4、图7-5）。我国现存最早的铜殿——古铜殿位于南部小莲峰顶。轴线两侧主要为道院生活区，轴线西侧为西道院。太和宫金殿位于天柱峰顶，是武当山空间体系的最高点，也是全山建筑体系中最高等级的建筑，具有统领全局的作用。紫金城城墙环绕天柱峰山腰，城墙由内看向外倾，由外看向内倾[1]。四面各建东、南、西、北四座仿木石建筑天门，象征天阙，其中只有南天门可以通行，其他四座天门为假门，以确保“藏风聚气”。紫金城的城墙为石质，烘托金殿的雄伟神圣。

天柱峰地形陡峭，岩石是由绢云石英片岩及钠长变粒岩构成，岩层产出近于水平，略向北倾斜。登山道路及城墙的建设顺应断层方向[2]，与山体有着很好的结合。在主峰南侧，有一东西向逆断层经太和殿、皇经堂、凤凰池

1 武当山志编纂委员会. 武当山志［M］. 北京：新华出版社，1994.

2 天柱峰还存在有七条节理裂隙，分别是：南天门-东天门裂隙、签房-金殿裂隙、北天门-印房裂隙、父母殿-北天门裂隙、西天门北侧裂隙、西天门南侧裂隙、父母殿后山墙裂隙。

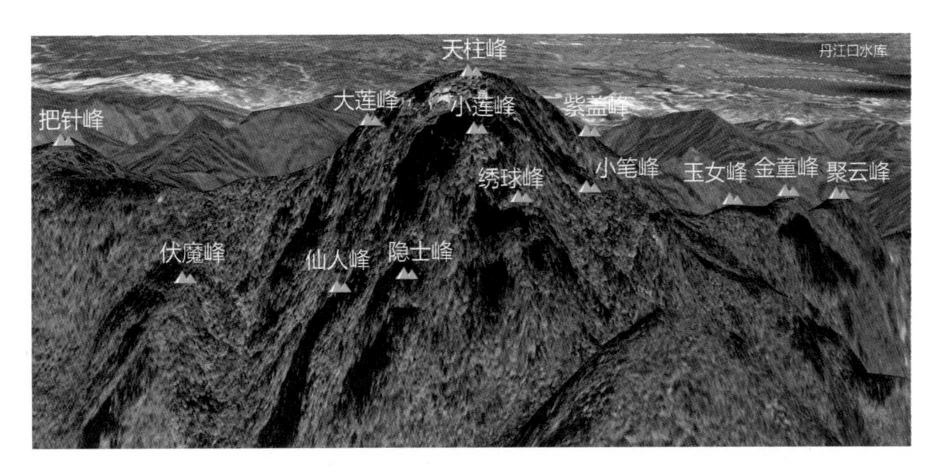

图7-1　由南向北望天柱峰

图7-2　由北向南望天柱峰

图7-3　天柱峰登山路线

图7-4　太和宫受地形所限布局相对自由

图7-5　紫金城南天门与太和宫

过，断层西北倾，断层北盘岩层向上推移，把天柱峰高高抬起。断层北盘岩层具有隔水作用，在断层线上出现凤凰池、天池等小规模蓄水池，在断层相对平缓的台地处建天云楼、斋堂、天合楼、三官殿等建筑，成为太和宫西道院的主体空间。

太和宫位于武当山顶，属于山顶上的宫观，山势陡峭，高差变化大，宫内鲜有人工种植的痕迹，现存植物主要为宫殿区域外非建设区的植物，及非宫殿区域的峭壁植物。植被类型为落叶阔叶林、高山照叶林和灌丛，植物景观的变化主要体现在登山道和下山道上。登山道乔木较少，主要为灌丛及草本植物，如西南卫矛、南方荚蒾、杭子梢、绣线菊等，草本有瞿麦、尼泊尔蓼、马兰、瓜叶无头、老鹳草、粗齿铁线莲等。灌木及草本植物形成了林缘空间，随着金顶的接近，植物的数量逐渐减少，视野也随之开阔，有暗喻及天。西侧为下山道，以落叶阔叶林、照叶林、混交林和灌丛为主，植物景观从林缘灌丛到乔木的林下空间再到乔木的林缘空间，变化丰富。植物类型主要有黑弹树、毛楝、白杜、七叶树等，灌木主要有杭子梢、木蓝、山梅花、西南卫矛、南方荚蒾等。

7.2 南岩宫

南岩宫是武当山道宫中布局最灵活巧妙的一座，位于武当山南岩坡，占地面积约10hm^2，视域面积约1070hm^2。南岩因崖体向南而得名，古名紫霄岩、独阳岩，相传为道教真武神得道修仙之地，自古被称为武当山三十六岩中最美的一岩。南岩的空间组织既严谨，又极富变化，是朱棣皇帝在武当山敕建的八座道宫中布局最为灵活的。

根据地形地貌特征进一步拆分为四段（图7-6、图7-7）。

第一段为乌鸦岭至南天门的神道，大致呈南北走向，约为300m，此处山坡陡峭，道路沿山脊设置。通过密植高大的植被，增加遮荫效果，既可以屏障不利景观，又可以引导视线，游人在行走时视线隐约透过树林，视角也随之不断变化，适宜欣赏变幻莫测的山峦。此处全山一片翠绿，沿路设有观景平台，可平视南岩宫（图7-8、图7-9）。

第二段为南天门至小天门，进入南岩宫天门后，明清时期在南天门与小天门之间利用台地建有道院，是当时在南岩修行的道士的主要居住和修炼场所，如今已杂草丛生。由于道院对景观效果的影响不大，并且道士数量也大为减少，过多的道房并无用处，所以在损坏后没有修复，逐渐荒废并融入周围的山林之中。沿路列植柏树，柏树后有大量的原生乡土植物，有的被开辟成梯田。

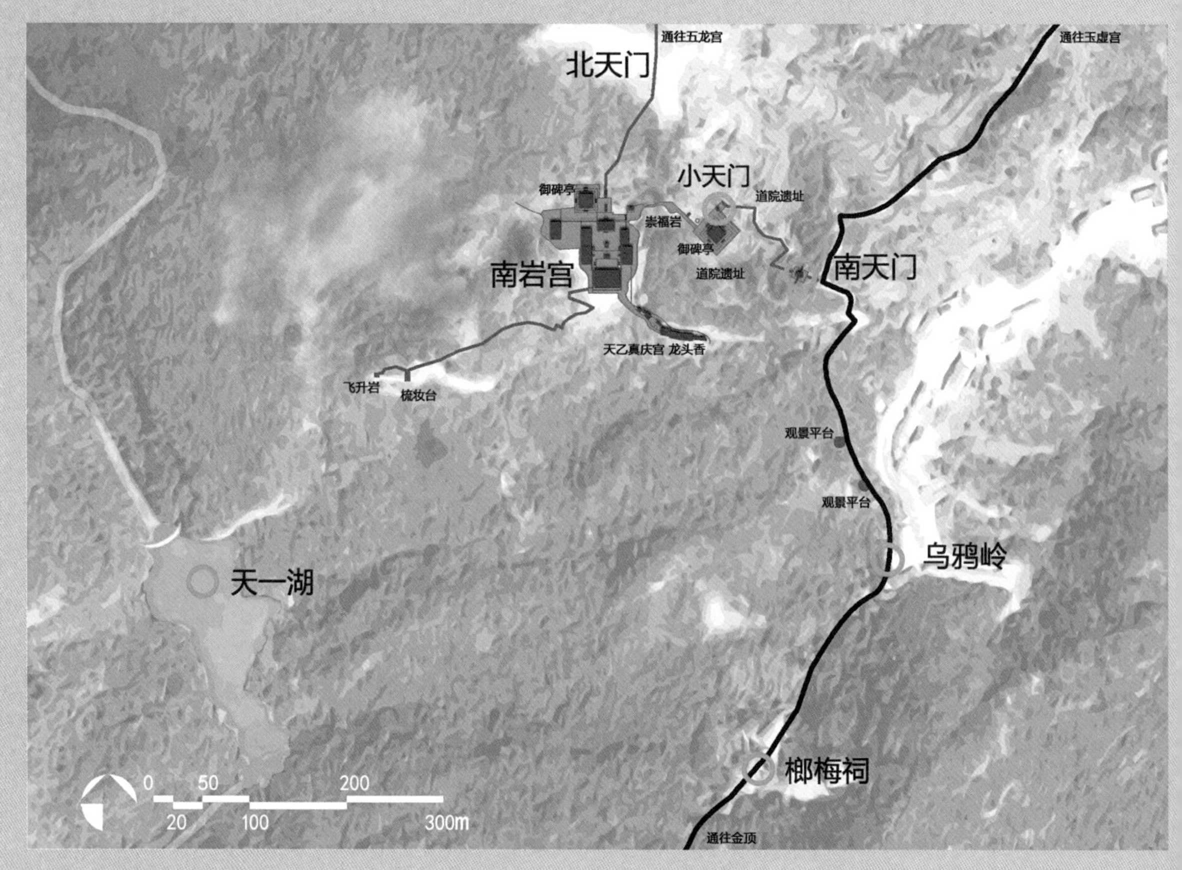

图7-6 南岩宫总平面图

图7-7 南岩宫的山水环境

图7-8　从乌鸦岭远观南岩

图7-9　南岩宫融于山林之中

南天门是由乌鸦岭到南岩宫的入口，位于山的鞍部，分割门里和门外的空间。入南天门后，随山势转折急下至小天门，在150m长的路径上，水平方向的5次转折和竖向上的陡缓变化，与之前较为平直的香道形成鲜明的对比。此道路的特点不在于观景，而是通过多维的变化和动态的感知，加强曲径通幽之感，使人更容易产生对下一组空间的期待之情。

第三段为南岩宫的宫殿区，由于地形的局限，宫门处不设山门，而御碑亭、焚帛炉、天门等建筑自由布置。由于空间所限东西御碑亭没有对称布置，以狭窄的崇福岩石径连接，幽暗、相对封闭的空间令游赏更加充满戏剧性。主体宫殿区为院落式布局，位于山体鞍部且南高北低，为南侧岩体的入口，注重明暗和开合的交替变化，为即将出现的景观高潮做铺垫。

第四段为南侧岩体，出南岩宫大殿为高差较大的南侧岩体，东侧利用天然岩洞形成一组名为天乙真庆宫的岩庙，西侧则在岩壁上开凿神道通往梳妆台和飞升岩（图7-10）。景观沿绝壁横向展开，因地制宜，不但克服了空间的局限性，反而使其成为区域的景观高潮。主要有以下三个特征。

第一，观景点的对位。三处主要的景观节点——飞升岩、梳妆台和龙头香（图7-11）的轴线正对最高峰金顶，同时烧龙头香是最虔诚的进香方式，而跪姿赏景又有极好的框景效果。通过景观的对位将神权与皇权的朝拜凝结于对自然山水的崇拜中，突出主题。

第二，低视点的设景。主要营造飞升的氛围，天一湖位于南岩下高差约300m的谷底处。首先，随着道路的转折，游人可以从不同的角度观赏；其次，几处主要观景平台位于悬崖之上（图7-12），通过近垂直的观景点俯视使人容易产生恐高感；第三，谷景被营造为悬崖、植被和水面三个层次，通过丰富的景观层次增加纵深感（图7-13）。

第三，高视点的设景。天柱峰金顶作为全山的视觉控制中心（图7-14），位于南岩以南约2500m、高近700m的山顶处，是设在远方高处的景致。其特

图7-10　飞升岩

图7-11　龙头香

图7-12　南岩宫悬崖

图7-13 俯视天一湖
图7-14 南岩望天柱峰

点有三：首先，绝对尺度上，两处相隔足够远，给人遥望的感觉；其次，通过山谷和众多山峰的隔离，增加心理上的距离感；最后，通过水面作为分隔，比以普通的山谷相隔更容易令人有可望而不可即之感，突出了皇权和神权的神圣。

南岩宫位于崖壁上，空间局促，植物主要分布在宫观外的缓坡及崖壁顶端。东御碑亭下有植物列植，主要有桂花、玉兰、木瓜、圆柏、侧柏等。西御碑亭及主殿前，植物以落叶阔叶林为主，其中，老虎岩前母子银杏是武当山的银杏之王，树龄约700年以上，根系萌生两小株，左右排列，犹如三世同堂。主殿内没有植物种植，在宫观后侧的崖壁下有七叶树。

7.3 紫霄宫

紫霄宫背倚主山展旗峰，中有太子岩、太清岩、玉清岩三座岩庙，是紫霄宫的天然屏障；左山蜿蜒曲折，为青龙背，右边山势耸立，为白虎垭，二者呈左右环抱之势；紫霄宫前有案山“三公峰”，连同左右余脉将前方封闭，金水渠缺口处有宝珠峰把守，形成了紫霄宫第一道山体封闭圈；展旗峰之后为紫霄峰，青龙背、白虎垭之侧分别有蓬莱峰和雷神洞作护山，三公峰外有五老峰，形成紫霄宫的第二道山体封闭圈。因而紫霄宫周围的山体结构层层围护，形成了极佳的建筑选址。为了疏导水体，在地势较低处设金水渠，金水渠自西向东蜿蜒流动，汇入禹迹池，因此禹迹池不仅是生气凝聚不散的风水池，也解决了下雨时山体以及宫观建筑的排洪问题。紫霄宫整体负阴抱阳、背山面水，满足中国风水术对建筑选址所要求的主山、青龙、白虎、案山、朝山、明堂、水口等条件，可以说是一块无可挑剔的风水宝地（图7-15～图7-17）。

紫霄宫中心为朝圣区，东边为修炼区，西边为生活区，中宫及东、西宫均为典型的合院式布局。建筑布局循山为轴、由缓转急、先疏后密。建筑单体主从有序，利用地形坡度形成层层崇台，在竖向上延伸，争取用地空间。中轴线上祭祀区的建筑布局严谨有序、庄严肃穆，重檐楼阁在云海中若隐若现，整个建筑空间序列分为开始、引导、高潮和尾声四部分，由金水桥进入龙虎殿后，经过大小和空间形式都不同的两个院落和大门，在行进的过程中空间院落依次展开，直至到达紫霄大殿前庭院时情绪达到高潮，而后的父母殿是整个空间序列的尾声。人工耕作的农田多分布在生活区建筑之间的小片绿地中，与周边的山林无缝衔接，不破坏宫观整体的自然氛围。

紫霄宫属于山坡上的宫观，植物景观较为丰富。紫霄宫为对称式的道院，在植物景观上也有所体现。紫霄宫进入正殿前的登山道及御碑亭外有较多的植

图7-15　紫霄宫的山水环境（一）

图7-16　紫霄宫的山水环境（二）

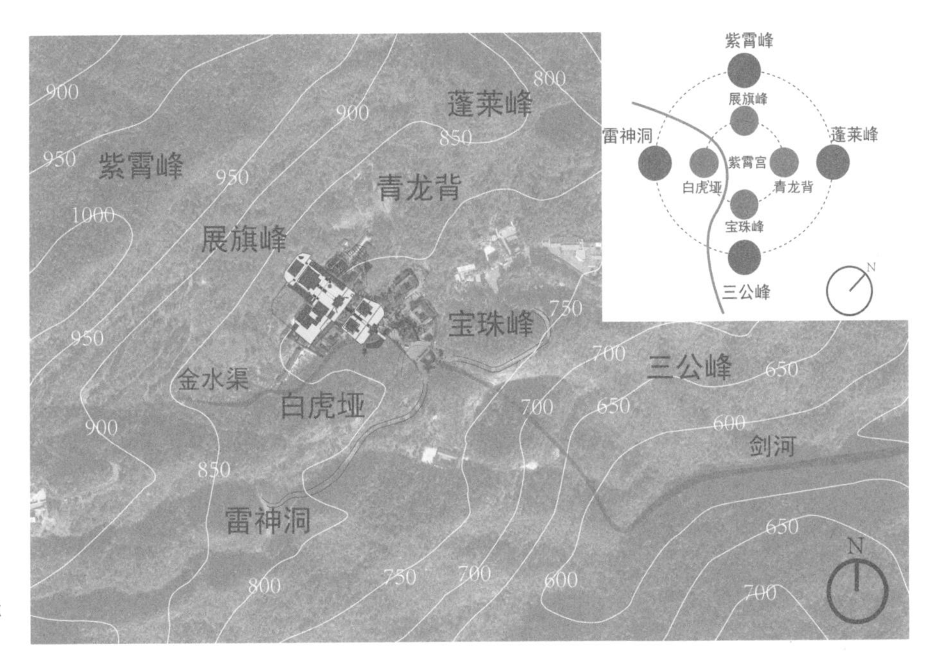

图7-17　紫霄宫与周围环境的关系

物种植。御碑亭下的植物对称种植于正前方两侧，主要有石楠、玉兰和广玉兰，登山道两侧为圆柏列植，御碑亭后有三列台地式种植，并搭配了乔灌草，主要树种有圆柏、桂花、绣球。正殿前的绿地中，为圆柏、玉簪、麦冬的搭配，角落有桂花、芭蕉、牡丹的配置。紫霄宫大殿外的木瓜，胸径70cm，高12m以上，树龄400多年。另一侧对称的位置补植了一株桂花。紫霄宫的父母殿两侧，一侧种植了棕榈、桂花，另一侧种植了桂花、玉兰和棕榈。紫霄宫的植物种植虽与宫观的对称布局相称，但在植物景观上并不拘泥于完全对称，在植物的种类及数量上，打破了完全对称的格局。

7.4　五龙宫

据《大岳太和山志》记载，唐太宗李世民在此首创五龙祠，是武当山有史可考的第一座皇帝敕建的庙宇，宋明时期经山中道士的开发后宫观建筑数量有所增长，元末毁于兵火，明代时复修。在武当山整体风景叙事格局中，五龙宫源自玄帝升真之时，五龙掖驾上升。五龙宫位于武当山西部，坐西朝东，后依灵应峰，前对金锁峰，四周环绕青羊、磨针、飞云等涧（图7-18），向南可观天柱峰、金顶。

五龙宫现存遗址——九曲黄河墙已坍塌，周围植被为常绿、落叶阔叶混交林。宫观内，只留存有一棵圆柏，废墟中杂草丛生，一侧的日月潭内长满水生植物。宫观内有道人自行搭建、开辟种植的果园，有秋葵、豆角、丝瓜等。

图7-18　五龙宫的山水环境

7.5　复真观

复真观，又名太子坡，此地岩层产状平缓，节理、断崖发育。复真观背依狮子山，下瞰九渡涧（图7-19）。整个复真观建于陡险悬崖之上的一片狭窄坡地上（图7-20），面对千丈幽壑，右临天池，雨时飞瀑千丈，左为下十八盘古栈道，前有滴泪池。太子坡下为剑河，由地球内应力所形成的北东向断层，为武当山的主要水系，最终汇入汉水。

此处建筑充分利用陡险岩上的一片狭窄坡地，进行纵横序列布局，使建筑与环境紧密结合，是全山至今保存较为完整的大观之一。复真观的建筑布局利用陡险岩畔，纵轴线侧开山门，为了有效组织交通，缓解悬崖峭壁给人的心惊之感，同时解决门前狭窄的问题，依山势起伏建71m长的夹墙复道——九曲黄河墙。墙内建筑被隐藏其后，其中五云楼处于斜坡之上，为消化高差，一侧为一层，一侧为五层，为遵循"其山本身分毫不要修动"的原则，设计出"一柱十二梁"这种异于平原施工的解决方案。

在通往复真观建筑空间的断层上，结合地形列植桂花，形成十里桂花的拱形夹道。观内主庭院没有植物种植，太子殿的台阶两侧，种植了枣树、桂花和龙爪槐。该殿祈求功名，而槐有代科考之意，并将举子赴考称踏槐，两者意蕴深远，殿外还配置了一株蜡梅。复真观植物不同于其他宫观的特点在于，在五云楼庭院内有两块对称式的小绿地，对称种植了两棵木本植物，分别为木瓜和柽柳。小绿地中，一侧的植物为枇杷、棕榈、桂花、紫薇、八角

图7-19 复真观与剑河、狮子山的关系

图7-20 复真观的山水环境

金盘的搭配；另一侧为棕榈、枇杷、石楠、桂花、八角金盘的搭配。同样在植物配置中，并不拘泥于绝对对称，在植物种类、数量、种植位置和种植面积上都不尽相同。

第8章

过渡与引导——武当山宫观的引导空间

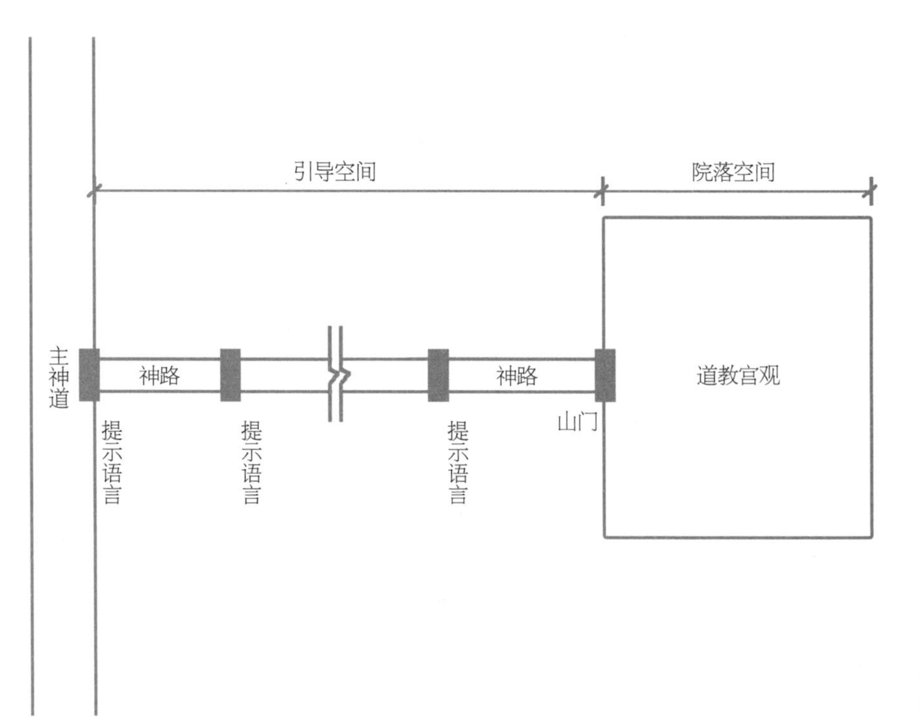

图8-1 武当山道教宫观的引导空间

对一个完整的宫观来说，真正的朝拜过程不是从进入宫观的主体建筑群才开始的，而是从这座道宫的外围空间就已经逐渐展开。武当山道宫从性质和功能上可以分为两个类型：引导空间与院落空间（图8-1）。引导空间由天门、神道、桥、植被等复合而成，是进入宫观主体空间的前奏；而院落空间则是道宫的主要建筑群部分，是整个宫观空间的核心。

宫观的引导空间由香道演化而来，是主体宫观序列的开篇和环境过渡。这一空间作为武当山宫观空间序列的重要组成部分，一方面连接自然山林与道教宫观，培养香客游览的兴致和宗教情绪；另一方面使人不断融入神的世界中来，提升对神的崇敬。同时，引导空间也是武当山宫观由宗教向世俗演化的体现，是兼具独特功能性和游览性的空间形式。

8.1 引导空间的功能

引导空间兼具交通、组织景观和烘托意境的功能。它通常以一条道路的形式表现出来，起到连接上下的交通作用；同时，又是一条景观路，使人感受名山大川的自然之美；更重要的是，在蹬途中，人们在精神上完成了从人间尘世通往神圣清世的过渡，拉开了朝拜者进香的序幕。引导空间既要满足功能结构上的要求，也要满足美学上的要求，又是游览中必不可少的环节。它既能酝酿香客的宗教情绪，又能为一般游众提供游赏向导，通过时间上的渐进和空间序列的展开变化而诱发人们的鉴赏情趣。

（1）交通功能

中国古代的山林道教宫观，不仅是宗教信徒们朝拜的圣地，更是平民百姓游览观光的胜地，甚至成为节日里城市居民游宴活动的中心。引导空间是登山过程必不可少的交通之路，它的设计是按照香客及游众们的朝拜及游览活动的需求把沿途的宫观串联起来，安排休息、食宿等各项功能；考虑到人在山地中步行，为缓解疲劳，在适当的距离设置小型休息建筑。

（2）景观组织功能

不同于专为帝王御用的皇家园林和局限于私人游赏的私家园林，寺观园林在一定程度上属于公共园林。而引导空间更是为一般游众提供游赏向导，更注重对游览路线和景观效果的把握，具有组织景观的功能。在道路选线时，应考虑对自然景观的利用，如山地的小气候、林木的遮荫以及自然的水景等，使人在登山过程中能欣赏到大自然中最具价值的景观。道路的布置和设计还应注重节奏的变化和动态的展开，通过水平的曲折和高低的起伏，将时间、空间和景观三者协调。通过道路的巧妙设计可以使景物呈现出不同的面貌，所谓“横看成岭侧成峰”。通过空间的引导，使游客渐入佳境、游兴倍增。

（3）意境烘托功能

引导空间以“香道”的形式把山中各宫观串联起来，并通过视觉、触觉、嗅觉等形式调动香客的身心感悟，利用地形、地貌及自然景象烘托道教的仙境。引导空间还包括联系主要宫观的“序列导引”，通过各种形式的宗教名迹，在进入宫观前加以提示，作为宫观与自然的过渡，为最终的朝拜在空间和情感上起到铺垫作用，烘托宗教的意境和祭祀的氛围。

8.2　武当山道教宫观引导空间的提示语言

造园如作诗文，开篇的重要性不言而喻，武当山宫观园林利用山门、牌坊、桥等要素作为提示语言，开启通向宫观的引导之路，承担从“尘世”通向“净土”、从“人间”通往“仙界”转换的提示作用。同时，激发游人酝酿情绪、增强游人兴致，起着铺垫、渲染宗教气氛，并将信众逐步引入宗教天地和景观佳境的过渡作用。

从全山来看，全山宫观的神道都是太和宫金殿的引导空间，这一内容在第五章中已经有所叙述，本章不再赘述。除此之外，各主要宫观都有各自的引导空间，本节对各主要宫观的引导空间进行论述（表8-1）。

武当山主要宫观导引空间提示语言 表8-1

宫观	提示语言	现状	形制	位置
太和宫	一天门	现存	面阔6.32m，进深4.15m，通高6.90m。歇山顶，砖石双重拱结构，单间城门建筑	天柱峰北，朝天宫上约1km的山垭中
	二天门	现存	面阔6.15m，进深4.25m，通高6.90m。歇山顶，砖石双重拱结构，单间城门建筑	天柱峰下约1km，位于摘星桥上山垭中
	三天门	现存	面阔6.30m，进深4.05m，通高6.80m。歇山顶，砖石双重拱结构，单间城门建筑	与二天门仅隔一座小山凸的南偏东100m处，坐落在高耸入云的山垭上
	朝圣门	现存	面阔6.14m，进深3.92m，通高9.15m。歇山顶，砖石双重拱结构，单间城门建筑	天柱峰石城墙外西南角
南岩宫	南天门	现存	面阔7.62m，进深5.35m，通高9.10m。歇山绿琉璃瓦顶，砖石双重拱结构，单城门式建筑	南岩宫南大门，位于南岩宫南方
	北天门	遗址	面阔7.54m，进深5.30m，通高8.70m。歇山顶，砖石双重拱结构，单间城门建筑	位于南岩宫北
紫霄宫	东天门	遗址	面阔7.68m，进深3.34m，通高7.80m。歇山顶，砖石双重拱结构，单间城门建筑	紫霄宫东约1000m处，威烈观前，紫霄宫东大门
	黑龙桥	已毁		
	通会桥	遗址	长19.20，宽4m，高6.58m	威烈观前
	禹迹桥	现存	长11.20m，宽5.15m，高3.35m	紫霄宫前
五龙宫	北天门	已毁		五龙宫北180m处
	东天门	已毁		五龙宫北天门与山门间
玉虚宫	东天门	已毁		
	西天门	已毁		
	北天门	已毁		
静乐宫	石牌坊	重建	面阔33.10m，通高11.41m。石结构卯榫工艺，用圆形石柱和四座石作寨墙构成三孔门洞	原位于均州静乐宫中轴线最前列
遇真宫	会仙桥	已毁		遇真宫南主神道交汇处
复真观	复真桥	现存	长16m，宽6.80m，高5.20m	复真观前
	山门	现存	面阔9.90m，进深5.70m，通高10.70m。歇山绿琉璃顶，砖石结构，莲弧拱券门洞，下碱为青石须弥座	坐北朝南，正对谷口，以符“阳对凹，阴对凸”的风水规律

注：此表根据文献资料和实地调研整理。

8.2.1 天门

武当山宫观群的范围大，通过主神路将各宫观有机串联起来。为了引导并使游客、信众在心理上有所准备，到达各主要宫观前的一段神路上需要专门设计，在武当山通常以“门”的形式加以提示。“门”作为名山风景区的重要标志，分割内外部空间，是不可或缺的元素，不仅具有交通引导、人流集散的功能，更起到了领域界定的作用。天门即天宫之门，是进入道教圣地的重要标志。随着自然生态概念在风景区的普及，“门”已经作为一种概念被理解成类似“景观道路”的一种形式，是联系外界和各宫观的重要建筑元素。通常与铺装材质、自然风景和植被等要素的变化相结合，共同起到提示的作用。天门的数量一般根据所连接宫观的重要性和能通达的道路条数而定。

太和宫是武当山最重要的道宫和最终的朝拜目标，从朝天宫至金顶有两条道路：一条为清代修葺，自左越分金岭，较为平缓；另一条为明代修葺，经一天门、二天门、三天门、朝圣门和南天门五座天门，较为陡峭。

一天门、二天门、三天门在天柱峰西北，据《玄天上帝启圣录》记载，三座天门在宋代就已存在。明永乐年间是在元代基础上保留原样敕建的，清康熙年间重修三天门。三座天门全部采用砖石结构，为单间城门建筑，各发双拱门一孔，歇山顶，石雕须弥座，石雕冰盘檐，仿木结构。门洞上镶嵌有石额，分别刻有“一天门”“二天门”“三天门”三个大字。门前用方整石海墁铺地，周围设石质栏杆（图8-2～图8-5）。

朝圣门（图8-6）与三座天门形制相同，但不列入编号，进入朝圣门，即至举世无双的太和宫。南天门修建于明永乐十七年（1419年），位于环天柱峰而建的紫金城南（图8-7）。紫金城城墙弥补了环境的不足，在东、南、西、北四个方向分设仿木石建筑“天门”。其中，东、西、北方向的三座天门被封

图8-2　武当山一天门

图8-3　过一天门的神路顺山势而下

图8-4　武当山二天门

图8-5　武当山三天门

图8-6　武当山朝圣门

图8-7　武当山南天门

为实门，仅有南天门可以通达。

南岩宫是著名的宫观，建于南岩上，这里林木苍郁，在郁郁葱葱的峰岭之间仅南北两条神道可以通达，犹如碧澄的玉带逶迤连接着南岩宫的两座天门——南天门和北天门，两门均为明永乐十年（1412年）建，外形与太和宫的三座天门相同，目前北天门的墙体及顶部已经残缺不整，而乌鸦岭北上的南天门经修葺恢复了原来的景象（图8-8）。

紫霄宫位于武当山天柱峰东北的展旗峰下，在其附属道观威烈观前有东天门遗址。东天门为明永乐十年敕建，歇山顶，砖石双重拱结构，单间城门建筑（图8-9），现屋顶已毁，布满杂草，残破不堪。两山原与砖砌宫墙连接，分隔内外，门前面铺装及护栏均已废弃。

五龙宫，唐代为五龙祠，是武当山史料记载中最早受皇帝重视的宫观。在其东北有明成祖敕建的北天门一座，门内通过复墙夹道通往小天门，其间设东天门一座，现仅小天门存有遗址，北天门和东天门不复存在。

玉虚宫是武当山最大的庙宇，可以从三个方向的道路抵达，因此分别建有东、西、北三座天门。据记载：“其宫外复设东天门、西天门、北天门，俱有道院。”[1]可见，玉虚宫的三座天门与道院相结合，并非孤立设置。

1 杨立志. 点校明代武当山志二种［M］. 武汉：湖北人民出版社，1999.

图8-8　武当山南岩宫南天门

图8-9　武当山紫霄宫东天门

图8-10　太子坡复真桥
（图片来源：网络）

图8-11　静乐宫石牌坊
（图片来源：网络）

8.2.2　桥

遇真宫是武当山明成祖敕建的七座道宫中，唯一一座供奉张三丰而非真武神的道宫。张三丰是武当高道，经修炼成仙，并不是主管天界的神，因此在遇真宫没有建天门，而是用会仙桥作为引导空间的起点。

复真观（图8-10）以复真桥为起点，始建于明代以前，长16m，宽6.8m，高5.2m。

8.2.3　牌坊

静乐宫是武当山唯一建在城市之中的大型道宫，于永乐十六年（1418年）敕建。利用朝南方向的六根石雕神兽的石柱华表式石牌坊（棂星门）代替天门作为宫观引导空间的提示语言，门洞的正方对着静乐宫中轴线。

1961年，由于兴建丹江口水库，将棂星门石构件拆运至丹江口市金岗山水库北坡。2010年，将此牌坊扩大、加高并修建了一个0.6m高的方整石崇台，门面修复后宽达33.10m，通高达11.41m（图8-11）。

8.3 武当山道教宫观引导空间的组织形式

武当山宫观引导空间的组织形式主要有：天门+神道、天门+复墙夹道、由甬路直接连接主神道三种形式。

8.3.1 天门+神道

（1）太和宫

太和宫在武当山具有崇高的地位，为表达神权和皇权的至高无上，匠人们利用天柱峰雄奇、险峻的自然地势，巧妙地利用空间，营造出一座复杂多变又错落有致的道宫，是人文景观与自然景观巧妙结合的代表。集殿堂、道院、亭台、桥梁、城墙、磴道等为一体，有张有弛，有幽婉也有豪放。全山的宫观都是天柱峰太和宫的引导空间（图8-12），这一点在第五章中已作叙述。

本节主要对太和宫的引导空间进行具体分析，神道上的朝天宫至金顶引导空间可以按三个层次来分析，对应着天国、天城、天宫三个区域。第一个层次"天国"：从天柱峰北朝天宫起，修建了一天门、二天门和三天门，经过这三座天门后转朝圣门，进入金顶南麓太和宫；第二个层次"天城"：太和宫西道院至太和宫；第三个层次"天宫"：从南天门起，经过灵宫殿，进入九连蹬后到达金顶（图8-13）。

1）一天门、二天门、三天门及朝圣门

在朝天宫至太和宫之间的途中建有三座天门和朝圣门。朝圣门寓意着进入

图8-12　武当山宫观总图（图片来源：明・王佐修撰《大岳太和山志》）

图8-13 太和宫引导空间的组织
（图片来源：明·凌云翼、卢重华《大岳太和山志》）

了太和宫的领地，三天门及古神道是太和宫的引导和入口。在长达3.5km的登途中，奇峰突兀，绿树成荫。天门按统一的标准设计，给人强烈的节奏感。通过攀登台阶、仰望天门，加之登山过程中沟谷的宽窄变化，空间体验也非常丰富，酝酿了情绪，净化了心灵。明李隧云：“天门三度叩仙关，铁锁千寻尽日攀。帝座遥瞻天尺五，钟声隐隐落云间。”明代古道神道又陡又险，故有“穷不游武当，富不登太白”的谚语。

过黄龙洞后，山势陡峭险峻，在连续攀登陡峭的蹬道后，一天门矗立眼前。一天门距太和宫约8华里（1华里=0.5km）。过了一天门，地形急剧跌落。沿神道曲折前行至山涧深处的会仙桥，会仙桥旁边原有一组建筑，现仅存地基（图8-14、图8-15），过会仙桥路途更为艰险，继续开始攀登，沟谷逐渐狭窄，岩壁凸出，同时这一段灌木层植物较少，高大的乔木与低矮的草本植物在逼仄的林下空间中形成对比，更是营造出了幽谧之感，增加了神秘感和对金顶的向往。二天门位于天柱峰北下约1km，山峰更奇，景色更佳。过二天门以后，沿石阶向下，仅隔一座小山，抬头便可遥望三天门，三天门位于二天门南偏东100余米处，坐落在高耸入云的山垭上。在二天门，人们可以听到从三天门传来的声音，但却不能望见。三天门后有一庭院，空间较为开阔。从此往朝圣门，高差变化减小，登山道逐渐从林下空间过渡至林缘空间，植被类型主要有落叶阔叶林、高山照叶林和灌丛。三座天门据险设置，雄踞在古神道上，有“一夫当关，万夫莫开”之势。三座天门既是整个空间序列的“起”，又为游客休息、眺望、酝酿感情提供场所，起之又起，

图8-14　会仙桥旁遗址

图8-15　会仙桥

承之又承。明代《任志》提到，其路盘踞蜿蜒，左右石栏横槛相砌，仿若云梯，实乃武当第一境。

2）太和宫西道院

朝圣门位于天柱峰紫金城外，朝圣门提醒人们：到此需整顿衣冠，敬慎威仪，准备朝圣。过朝圣门南下53级石磴道，陡然一转，即进入丹墙碧瓦的太和宫西侧道院。空间一反之前狭窄、陡峭的形态，出现了一组较为开敞的庭院，植物稀少，视野开阔，抬眼可望环绕天柱峰的紫金城城墙。再随狭窄的台阶拾阶而上，便进入皇经堂院落，空间狭小、封闭。再向上至太和宫前院落，由小莲峰、转运殿、小道场组成，这些建筑通过南北轴线组织起来，成为这个空间序列的高潮。小道场视野开阔，下可俯瞰武当山浩渺壮丽的山景，上可仰视太和宫的许多建筑，稍做休整后，为下一段登高朝拜金顶做准备。在这段空间序列中，开合、明暗相交替，既可调动游客情绪，又增加了朝圣的神秘感。

3）南天门九连蹬是金顶的引导

金顶的引导空间包括南天门、灵官殿、九连蹬与紫金城。绕过太和宫，即进入紫金城南天门。穿过南天门，沿城墙经长廊拾阶而上，长廊内则为灵官殿。出长廊光线转亮，空间豁然开朗，向上则为九连蹬。九连蹬依山而建，若蟠龙蜿蜒直达金殿。沿途多为灌丛林及草本地被，视野开阔。九连蹬呈“之”字形布局，层层向上，既克服了坡度陡峭的登山困难，又带给游客步步高升、渐入佳境的感觉。此段以蹬道起伏及长廊光线的变化丰富层次，增强环境的感染力（图8-16～图8-18）。

在金顶的整个引导空间序列中，布局合理，顺应自然，空间经历了三次

图8-16　明代彩绘《大明玄天上帝瑞应图录》

图8-17　灵官殿长廊

图8-18　武当山金顶九连蹬

“起承转合”，并且明暗开合、不断交替，自然与人工交相呼应，既突出主体，营造出丰富的景观形象，又巧妙地神化、玄化了武当山，创造出“仙境”的气氛，体现了皇权和神权的威严与神圣。

（2）南岩宫

南岩宫是武当山人文景观与自然景观结合最好的一处，地势峰岭奇峭，林木苍绿，以峰峦叠翠、建筑神妙奇特而著名。南岩的建筑充分利用了风景的天然条件，巧妙合理安排峰、岩洞、峭壁等，使整体建筑空间灵活、严谨又极富变化，成为武当山三十六岩中最美的一处。

在没有进入天门之前，圆柏、侧柏列植于山路两侧，柏树为圆锥树形，且为常绿针叶树，所形成的引导空间较为肃穆。由于山势较陡，两侧人工化的种植带较窄，不仅道路高差变化大，也有很多原生的乡土树种间歇出现，如柳树、七叶树、核桃楸、黄连木、六道木、南迎春等。

南岩宫起于南天门和北天门。从北天门“起”，沿着弯弯曲曲的山道可以看见远处的御碑亭，它标志着即将迎来更大的主体建筑。南天门的设计较北天门变化更为丰富多彩，从南天门“起”，一路攀登台阶可到南岩宫，南岩宫为东西方向。前可瞻望秀丽的乌鸦岭，后可回首连绵的宫殿。北面与太常观相邻，处于上接碧霄、下临绝涧的峻岭上，有着一览众山小的感觉。走过南天门就进入了进香之道，从南天门顺着弯曲的石阶山道而下，便看见了远处高大的东御碑亭，御碑亭旁则为山门。该段山道沿段，同样为柏树的列植，在路缘两侧同样有原生的乡土树种，同时还有台层式的废弃菜园。东御碑亭作为入口后的标志，与弯曲的山道承接，气势磅礴，视野开阔，令人心旷神怡。穿过碑亭便行进到崇福岩，这时只见岩石突兀，一棵700年的母子银杏枝繁叶茂，空间骤然紧缩，光线昏暗，有地崩山摧之感，然等过了前方玲珑精巧的焚帛炉，却是一片柳暗花明的开阔，这也就到达了宫观的主体殿堂区，即“南岩宫”的宫门，瞭望四境，御碑亭又浮现在远处。

从南天门到南岩宫门，经过自然风景的变换和山道及建筑物的巧妙结合，使空间序列经历了从凸起到承接、再凸起、再承接的多次转变，空间在开敞与内敛之间相互交替，空间的变换给人带来对景观的悬念，达到情感渲染和引人向往的目的（图8-19）。

（3）紫霄宫

紫霄宫的引导空间起于威烈观附近的东天门，沿着通往紫霄宫的神道，途经紫极坛，再北遇黑龙桥和通会桥，方可到达万松亭下的整冠台。整冠台上，朝山进香者屏气息虑、束发整冠、稍加修整，而后才能下山，等到达禹迹池，路经禹迹桥即到达紫霄宫前的金水桥。

这段引导空间里，亭台楼阁、宫观桥池的设置，与自然融为一体，给朝

图8-19　南岩宫引导空间的组织
（图片来源：明·凌云翼、卢重华《大岳太和山志》）

拜进香游客以幽静、美妙、虔诚的神圣之感。在这段约1km的神路上，稀疏点缀，为紫霄宫做了巧妙、从容的铺垫。

现存引导空间由龙虎殿院和禹迹池组成。龙虎殿院由龙虎殿、八字照壁、金水渠围合而成，面积227m^2。

禹迹池是紫霄宫前的集水池，水系由金水渠流入，金水渠上架有金水桥，前植苍劲有力的古柏，两侧有茂密的竹林，烘托入口威严的氛围（图8-20～图8-22）。

（4）玉虚宫

玉虚宫是玉帝居住的地方，为建筑群中规模最大的道宫，地处525万m^2的盆地之中，到达玉虚宫后也就感到武当山至此，块垒尽去、千峦收敛、九渡涧水围抱，当下眼中只留下宏伟壮丽的宫阙（图8-23）。

但自明以后，玉虚宫历经多次毁坏与重建，如今玉虚宫的规模无法和以前相比，除主要建筑遭到火灾无法修复外，还有部分道院宫观被机关、企业、学校和居民占用。加之交通路线发生了很大的变化，原来宫观的布局风貌和道路规划已经很难再去考证，历史资料《明代武当山志》记载当时的玉虚宫有东、西、北三座天门。现在东天门、西天门、北天门的遗址发现分别在山峦垭口之间的老营宫村东山垭、杨家畈村乔家院和杨家畈村北天门沟，山峦连绵，成为玉虚宫的第一层屏障。

图8-20 紫霄宫金水渠

图8-21 紫霄宫禹迹池

图8-22 紫霄宫引导空间的组织
（图片来源：明·凌云翼、卢重华《大岳太和山志》）

图8-23 玉虚宫引导空间的组织
（图片来源：明·凌云翼、卢重华《大岳太和山志》）

1 中国武当文化丛书编纂委员会. 武当山历代志书集注（一）[M]. 武汉：湖北科学技术出版社，2003.

2 明·袁中道. 游太和记[M]. 程明安，饶春球，罗耀松校译. 北京：中国文联出版社，2002.

3 明·王世贞. 自南岩历五龙出玉虚记[M]. 程明安，饶春球，罗耀松校译. 北京：中国文联出版社，2002.

8.3.2 天门+复墙夹道

复墙夹道的处理方法在武当山有两处，一处为五龙宫，另一处是复真观。九曲墙在明代寺院建筑中可能流行，但存世已不多，唯普陀山法雨寺山门有其遗址。一般认为曲墙或折道是为了适应地形高差。同时，“九曲”是道家阴阳太极图的变形，“S”形曲线是太极阴阳的分界线，是太极图形的抽象与简化，符合“曲生吉、直生煞”的风水观念。

（1）五龙宫

五龙宫在武当山的天柱峰以北，东西方向，隐于深山，四周山峰环抱，其中有磨针、五龙、青羊等山峰。东为金锁峰，山林岩峦环绕，自然风景营造出虎踞龙盘的仙境，符合道家风水观的要求。

从北天门开始，进入“九曲黄河墙”，中间夹道蜿蜒崎岖、九曲九折，总长180m，高3.50m，其北为榔梅台和榔梅真人李素希墓塔。中设有东天门，南面与小天门相连。五龙宫的夹道虽毁，“宫门内为道，九曲十八折，蔽以崇垣，行者前后不相见”[1]，袁中道也说“其径九曲”[2]，王世贞说其“入门为九曲道，丹垣夹之，若羊肠蟠曲”[3]，不难想象当时五龙宫红墙夹道盘绕的情景（图8-24、图8-25）。为了弥补地理位置的不足，运用九曲墙和照壁巧妙屏蔽了五龙宫前沟、壑和坡的险恶地形。游人至此，只觉曲径通幽处，不知两侧境地凶险，有效规避了不利的自然因素。这种建筑构思匠心独运、化险为夷、堪称一绝。

图8-24 五龙宫引导空间的组织
（图片来源：明·凌云翼、卢重华《大岳太和山志》）

图8-25　五龙宫九曲黄河墙遗址

（2）复真观

太子坡复真观的引导空间由复真桥、蹬道、山门、“九曲黄河墙”和二山门组成。复真观整体顺应山势，与自然融为一体。

过复真桥随蹬道而上，形成拱形夹道，抬眼不见天，两侧列植桂花，将人的视线指向山门，深邃而悠远。在蹬道上只能看到山门，而不见全观建筑，两侧配置了茂密的圆柏、核桃、梧桐、青檀等，营造出神秘的气氛（图8-26）。

入山门进入曲折起伏的“九曲黄河墙”，空间上与之前的蹬道构成了曲与

图8-26　复真观九曲黄河墙

直的鲜明对比；界面的限定上一红一绿、一软一硬。由于复真观前是悬崖，为减缓空间局促的问题，在复杂多变的岩壁上，依山就势，建造“九曲黄河墙”。同时，改变视角，形成夹墙复道的特殊景观。两侧高大厚实的红墙和墙外参天古柏完全屏蔽了视线，构成封闭的夹巷空间，引导人们到达二山门，随后进入方正规矩的宫观空间，一个纤细曲折，一个方正规矩，形成鲜明对比。

第9章

空间与类型——武当山宫观的院落空间

中国的建筑和园林受道家思想的影响，强调有无相生。院落作为中国建筑的基本组织形式，被建筑、围墙及山石所围合，既是区分于人工建筑的外部空间，也是独立于自然山林的内部空间，具有双重属性。

武当山宫观依山就势、临水而建，利用山形坡地以建筑围合成院落，再通过轴线串联院落形成宫观。武当山宫观为传统院落的布局形式，丰富的地形使得它在严格对称的布局中，又有许多变化，同时这些变化也不会影响建筑的整体性[1]。武当山宫观的营造，既表现出与故宫等明初官式营造类似的建筑特征和组织形式，从建筑细节上看，又有独特的建筑特点。在空间组织、宫观布局上结合场地自身特点，表现出了独特的个性，如五龙宫以空间的递进和高差的变化加强大殿的高耸感，塑造了皇家的威严[2]；玉虚宫由于自然状况、皇家意愿与朝觐功能的需要采取坐南朝北的布局形式[3]。

9.1 院落的空间构成

宫观布局受中国传统建筑的影响多采用院落式，根据等级和功能的不同，将院落横向和纵向组合起来。受儒、道、释思想和等级、尊卑观念的影响，一般主要建筑物都设在中轴线上，最重要的建筑都位于院落的后边。因此，武当山宫观常依托山体自然坡度，营造出层层递进的空间层次。宫观的场所感通过建筑群体间的联系、过渡、转换、对比所构成的丰富的空间序列得以诠释，再通过空间感悟调动道众的祭祀情绪。

宫观的功能是影响院落布局和建筑类型的主要因素。具体来说，道教宫观主要包含祭祀主神、信众朝拜、道士生活和修炼的功能，对于大型宫观还有留宿香客、方道士的功能。总体上，为了满足宫观的主要功能，在平面上分为三个部分：祭祀区、修炼区和生活区（图9-1）[4]。

根据宫观的规模和院落的进数可以将武当山宫观分为独院式和纵向多进式（图9-2）。独院式又称基本型院落，是各类院落的基本原型；而纵向多进式则通常是大型宫观的组织形式。

根据礼制需要，祭祀区往往居于整个空间的中心，修炼区和生活区分列左右，各区域通过院墙分离并以横向轴线相互连接，在各区域内部通过纵向轴线依次贯通。为烘托祭祀区的重要地位，轴线上的建筑等级较高、体量较大，院落组织较为严谨。相比之下，其他两个附属区域的建筑等级较低、体量较小，院落组织较为灵活。祭祀区一般设有山门、御碑亭、龙虎殿、香炉、十方堂、钟楼、鼓楼、大殿及父母殿等主要建筑；修炼区设神堂、皇经堂、斋房等；生活区设斋堂、库房、浴室、神厨等。为满足道士修炼和生活的需求，宫观中的不同区域用宫墙分开形成相对独立的空间体系，封闭且私密。

1 张良皋. 武当山古建筑（武当文化丛书精选）[M]. 北京：中国地图出版社，2006.
2 彭然，姜洁怡. 武当山五龙宫建筑丛考 [J]. 山西建筑，2009（11）：28-30.
3 于沣. 浅析武当山玉虚宫坐南朝北的原因 [J]. 中外建筑，2009（12）：70-71.
4 鲍丽蓓，玄峰. 武当山明成祖敕建道宫建筑平面布局及主要建筑初探 [J]. 华中建筑，2011（12）：173-178.

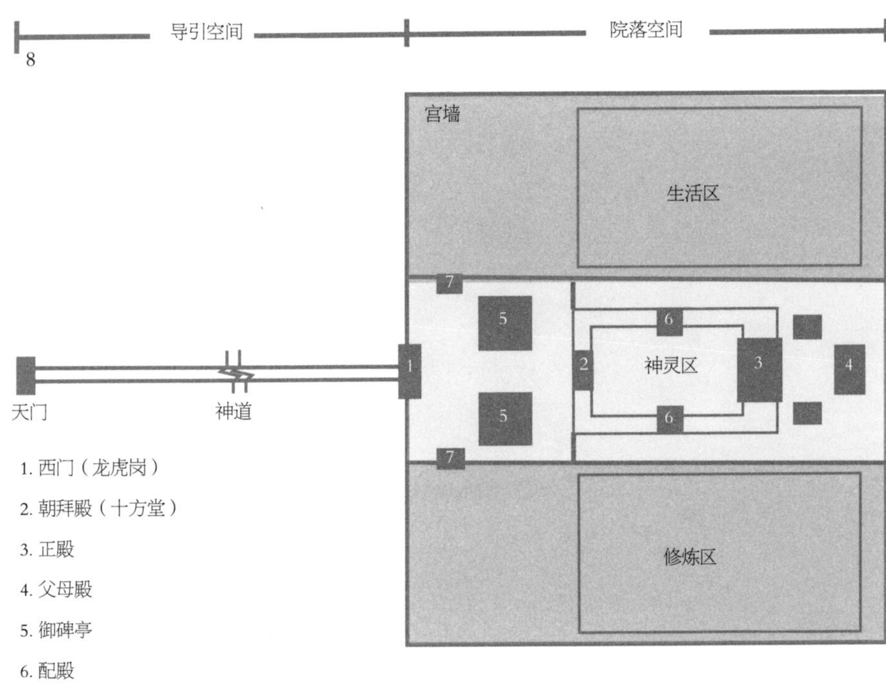

图9-1 武当山宫观院落空间构成

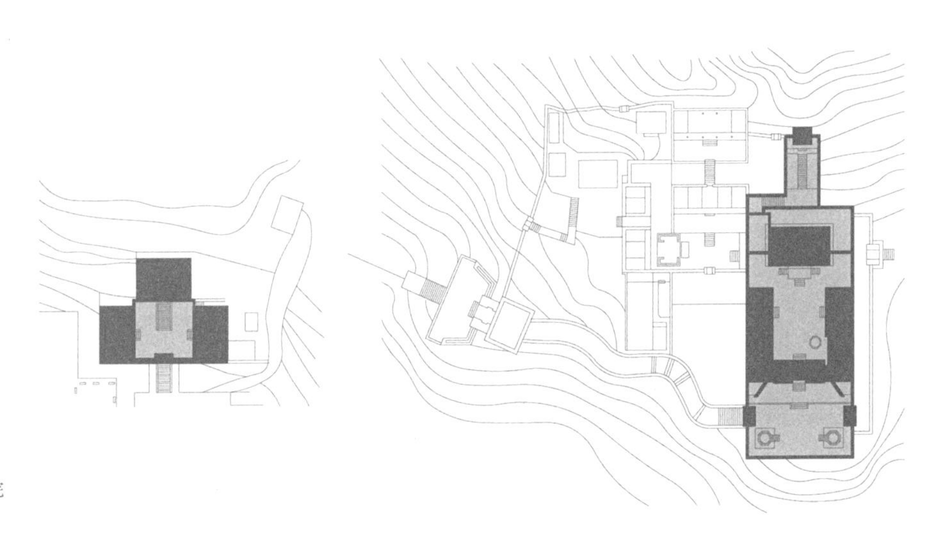

图9-2 武当山宫观分为独院式和纵向多进式

宫观祭祀区内鲜有庭荫树，多在宫观边角位置种植树冠较窄、枝叶稀疏的植物，主要的植物种类有圆柏、侧柏、桂花、石楠、木瓜、棕榈、银杏等。不同的宫观祭祀区植物依据空间特点进行配置，布局上不拘泥于对称，在植物种类、数量、种植位置和种植面积上都不尽相同。宫观的修炼区和生活区为道人日常起居的场所，植物景观与祭祀区有所不同，常植有枝叶相对茂密的庭荫树，有时也会栽培素雅，且兼具药用价值的花卉。此外，在生活区的边缘，还常随山就势开辟梯田，种植秋葵、豆角、黄瓜、丝瓜等蔬菜。

图9-3 五龙宫的院落空间与环境相呼应

根据不同的地理位置，武当山宫观的布局也表现出了不同的特征。玉虚宫、静乐宫建于平整开阔的市井街巷，有大规模的宗教活动需求，布局严谨、型制完备。紫霄宫、五龙宫（图9-3）建于山林之中，为适应山地环境条件，各院落分层筑台，层次逐渐拔高；因受环境所限，祭祀区沿轴线中轴对称，其他区域随地势灵活布局。南岩宫位于山体绝壁，建筑沿绝壁横向展开，更为灵活，不拘泥于宫墙之内，将更广阔的山水环境纳入其中。太和宫位于高山之巅，利用小莲峰与天柱峰之间有限的空间，创造出仙山琼阁的境界；在天柱峰上，更是依山筑墙，将传统的院落结合地势，有机变形，满足风水学的最高要求。

9.2 武当山宫观的空间艺术

9.2.1 轴线与山体的关系

武当山宫观的院落一般有明显的轴线，轴线上的主体建筑、附属建筑及院落空间有所不同，轴线选择时注重与周围山体的关系，自然山体在宫观设计时起到统领和控制的作用，与山体呼应是宫观院落组织的基本原则。

1 明·徐继善，徐继述．地理人子须知（上）[M]．李祥注译．北京：华龄出版社，2006.

一般情况下，堪舆术所讲的靠山是宫观所处环境中最重要的山，是宫观山水环境的制高点，又是宏观空间构图的主要参照。主山除了在高度上具有主导地位外，还要具有一定的形式。堪舆术常以“开账”“华盖”“三台”等形式的主山为贵[1]。

图9-4 古铜殿、朝拜殿、太和殿、南天门、金殿在一条轴线上
（图片来源：王甲龙道长提供）

武当山太和宫轴线与山体的关系处理十分巧妙。主体建筑按南北向布置轴线，轴线上依次为古铜殿、朝拜殿、太和殿、南天门、金殿（图9-4），并分布在天柱峰与小莲峰之间，天柱峰为太和宫的靠山，而小莲峰为朝山。天柱峰上的建筑又按东西轴线分布。金殿不仅成了东西与南北轴线的交点，同时也位于最高峰天柱峰的顶端，突出其地位的重要性。

道教宫观尤其注重人与自然的和谐，“道”从某种程度上说，就是“天人合一”；而风水学受道家思想的影响讲究天时、地利、人和，并且认为天、地、人三者之间相互联系、相互制约。可以说，“天人合一”是风水观念产生的思想渊源，而直接依靠的坐山是决定宫观山水构图的核心要素。《葬经》说：“夫重冈叠阜，群垄众支，当择其特。大则特小，小则特大。”宫观后边靠山的环境特点，直接影响了宫观的尺度大小和空间形式。

武当山宫观十分重视建筑轴线与山体的对位关系，尤其值得注意的是轴线与靠山的呼应。在武当山的玉虚宫、元和观、回龙观、五龙宫、复真观、八仙观、威烈观、紫霄宫、朝天宫等处都能明显看出宫观轴线与靠山的呼应关系（图9-5～图9-9）。

在武当山宫观轴线的前方还会注重与对面山体形成对位关系，通过山体控制轴线的末端。遇真宫、龙泉观正对前方山体的最高点，五龙宫正对两山交叉处，太常观正对金顶。此外，还十分注重借景，八仙观前的景观给人豁然开朗的感觉。（图9-10～图9-14）

图9-5 玉虚宫与靠山相呼应

图9-6 回龙观轴线与靠山的关系

图9-7 五龙宫轴线与靠山的关系

图9-8 复真观轴线与靠山的关系

图9-9 清微宫与靠山相呼应

图9-10 遇真宫轴线正对前方山体

图9-11 五龙宫轴线与面山的关系

图9-12 太常观轴线正对金顶

图9-13 龙泉观正对影壁及前方山峰

图9-14 八仙观轴线面向的山体环境

9.2.2 以庭院为中心的组织模式

老子《道德经》中“有之以为利，无之以为用”的哲学思想是中国古代对空间的理解。中国建筑通常围绕庭院而布局，庭院作为院落空间的中心极为重要，是中国建筑的显著特征。著名中国建筑学家刘敦祯先生从空间组织的角度认为，中国建筑讲究群体性，大的体量是通过庭院为单元的纵横组织而成的。梁思成先生从另一个角度认为，庭院是中国传统建筑的“室外起居室”。可见，庭院不仅有连接内外、空间组织的作用，还体现了中国人的生活方式。

武当山宫观院落的重要特征是以庭院为中心的组织模式。其中，小型宫观通常为独院式，采用三合或四合院的布局形式，主要建筑位于庭院的末端，以庭院为中心的组织形式显而易见。大型宫观为多进院落组成，在整体的平面构图上依然是以庭院为中心，如紫霄宫、五龙宫；纵向以大殿院为中心，主要建筑位于大殿院末端；横向在中心院落两侧设置道院，在总体上形成以大殿院为中心的布局模式（图9-15）。

9.2.3 皇室家庙礼制

基于宗法伦理的需要，中国传统建筑形成了等级制度。道教宫观在唐朝时称为“宫”，受宫殿建筑的影响极深。而明代武当山宫观的兴建与北京故宫建设时期相近，素有“南修武当，北建故宫”之称。无论在设计人员上，还是朝廷主管人员上都有所重合，因此，武当山宫观比一般的道教宫观受宫殿建筑影响更为显著。不仅影响到建筑的间架、屋顶做法和细部装饰，在空间布局和技术工艺上也

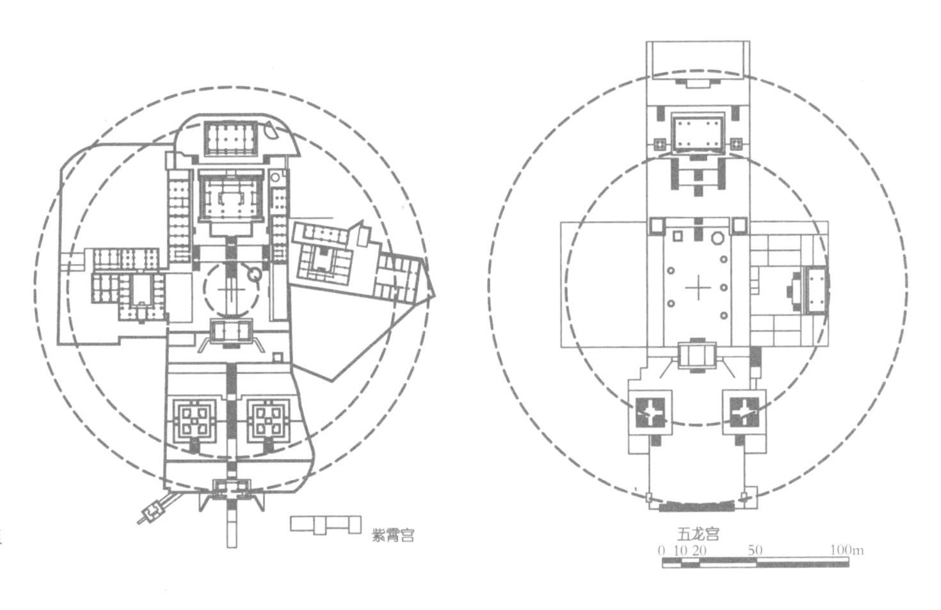

图9-15　以庭院为中心的组织模式

图9-16　玉虚宫御碑亭及前广场

都体现了明代皇室家庙的礼制要求。如武当山道教宫观中占地面积最大的玉虚宫（图9-16），沿轴线设置宫门四重及前后殿，殿外有玉带河（类似于北京故宫及颐和园前金水渠），玉带河前有供阅兵和操练的大型广场并设有旗杆，这些在一般的宫观中都很罕见。可见，玉虚宫受皇室家庙礼制的影响极大。在其他敕建的道教宫观中，皇室家庙礼制的等级观念也有体现，具体包括以下几个方面。

首先，材料的优劣和工艺的精粗给工程的品质附加上了等级的语义。作为“皇室家庙”，武当山宫观在当时居有至尊地位，是富甲天下的黄金白银世界。各宫观中的陈设大多由皇室钦降，富丽无比。神像、供器、法器以及神帐、宝幡等规格甚高，很多神像为铜铸鎏金、铜铸镀金、铜铸贴金。武当山金殿（图9-17）更是雄伟奢华，整体建筑铜铸鎏金，并且型制与故宫太和殿一致。面阔5.8m，进深4.2m，重达数十万斤，铸件体量巨大、结构复杂，为防止氧化采用失蜡法封膜，历经风雨雷电600多年巍然屹立，传奇地展示了中国明代初年科学技术和铸造工业的重大成就。建筑型制与金、铜材质的精工细作，展示了武当山皇室家庙的崇高地位。

其次，皇室家庙的礼制还通过数量进行限定。建筑的组群、尺寸、标高、构件都存在数量的多少，数的运用自然成了建筑等级的表现形式。武当山也利用“数”的限定，表现皇室家庙的礼制。从总体布局、宫观规模、院落数量、庭院尺度、台基高度、建筑开间，至斗拱、走兽门钉等都有体现。五龙宫大殿修建在五崇台上，台阶数共九九八十一级，取“九五之尊”之义（图9-18）。紫金城城墙四周设四座天门，东、西、北三座天门假作实封，只有南天门可通行。南天门有三个门洞，中间设正门，只有在皇帝遣臣进香或行最高级别的祭祀仪式——太

1 在明朝，普通百姓只能在太和宫仰望天柱峰金殿，不可进南天门、入紫金城。

图9-17　铜铸鎏金的太和宫金殿

图9-18　五龙宫大殿在五崇台上

图9-19　紫金城南天门

上金箓罗天大醮时才打开。左右各设角门，右角门为“鬼门”不通，左角门为“人门”可以通行。门上有九九八十一枚圆形铁钉，为“九九”之义。天门顶端平台四周饰同北京故宫的“二十四气”石雕栏板望柱（图9-19）。

此外，在屋顶的形式和颜色上也体现了皇室家庙礼制。中国古代建筑利用对屋顶形式和屋面颜色的限定反映建筑的地位。屋顶形式主要有庑殿、歇山、悬山、硬山，通常形式越复杂，则等级越高。屋面的颜色也有严格限制：黄色琉璃瓦等级最高，只有皇宫和少数高级别的宗教建筑可以使用；王府只能用绿琉璃瓦；一般民居只能用灰筒瓦。在武当宫观建筑中（图9-20），一般的道房采用灰色筒瓦；主要道宫的大殿则用绿色或黑色琉璃瓦；唯有大顶的金殿，屋面采用最尊贵的黄色[1]，以显示皇家独享的家庙地位。

9.2.4　真武神“龟蛇”原型的投射

真武大帝在道教的发展历程中，逐渐由小神和从神转为大神和主神。至明朝，皇室一直把武当道教所供奉的主神真武神作为北方之神来守护国家安全。缠绕的龟蛇是真武的象征，不仅被反复运用在塑像和绘画之中，也影响了武当山宫观的创作。中国古人具有极强的想象力和创造力，并在天文地理方面已经达到了极高的造诣。从航拍图（图9-21）可见，武当山天柱峰及其西侧山与太和宫起伏的城墙共同构成了一只巨大的“玄武”，并且在明代的武当山志中已经对这一景观有所描述。

图9-20 太和宫与南天门

图9-21 太和宫紫金城航拍图
（图片来源：网络）

1 杜雁，阴帅可．正神在山三城三境——明成祖敕建武当山道教建筑群规划意匠探析［J］．中国园林，2013，29（9）：111-116.

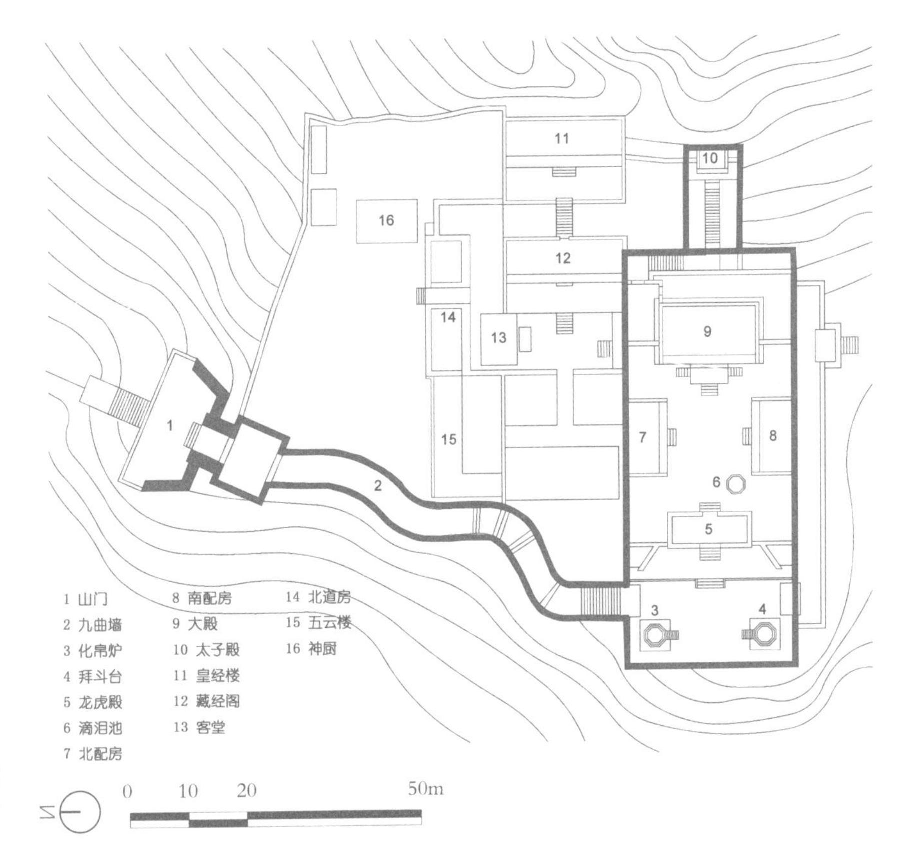

图9-22　复真观平面图（图片来源：杜雁、阴帅可，《正神在山三城三境——明成祖敕建武当山道教建筑群规划意匠探析》）

龟平整敦厚、蛇曲折纤柔，二者的形态既是规则与自由的强烈对比，也象征着道教思想中的阴阳调和。武当山宫观将龟蛇直与曲、刚与柔的形态应用在宫观的平面空间设计上，通过对比强调阴阳调和[1]。从复真观（图9-22）和五龙宫（图9-23）的平面图中可以看出，设计者在设计时为表达龟蛇形态，有意突出院落空间的方正与九曲黄河墙空间的曲折。

9.3　祭祀区的空间构成

人们常说，中国建筑是世界建筑中最具特色的建筑发展体系之一，有着数千年未曾中断过的传统，在世界建筑史上占有特殊的地位。其中，群体性就是中国古代建筑的重要标志之一，大到城市的整体构成形态，小到寻常百姓的住宅，就单体建筑来说，体量都不大，平面形式也相对简单。作为明清两代规模最大、地位最高的建筑故宫太和殿，平面也同样是一个长方形，只是在内部设有分隔。《华夏意匠》中提到“中国古代的建筑设计不存在着以功能用途来分类的概念，房屋之间只有级别、大小之分，没有因为用途不同而相异”。但就是这些相似的建筑单体，通过组合最终形成功能上满足不同需求、形体上丰富多彩的大大小小的建筑群体。所以中国建筑的空间组织是一个特别值得探讨的话题。

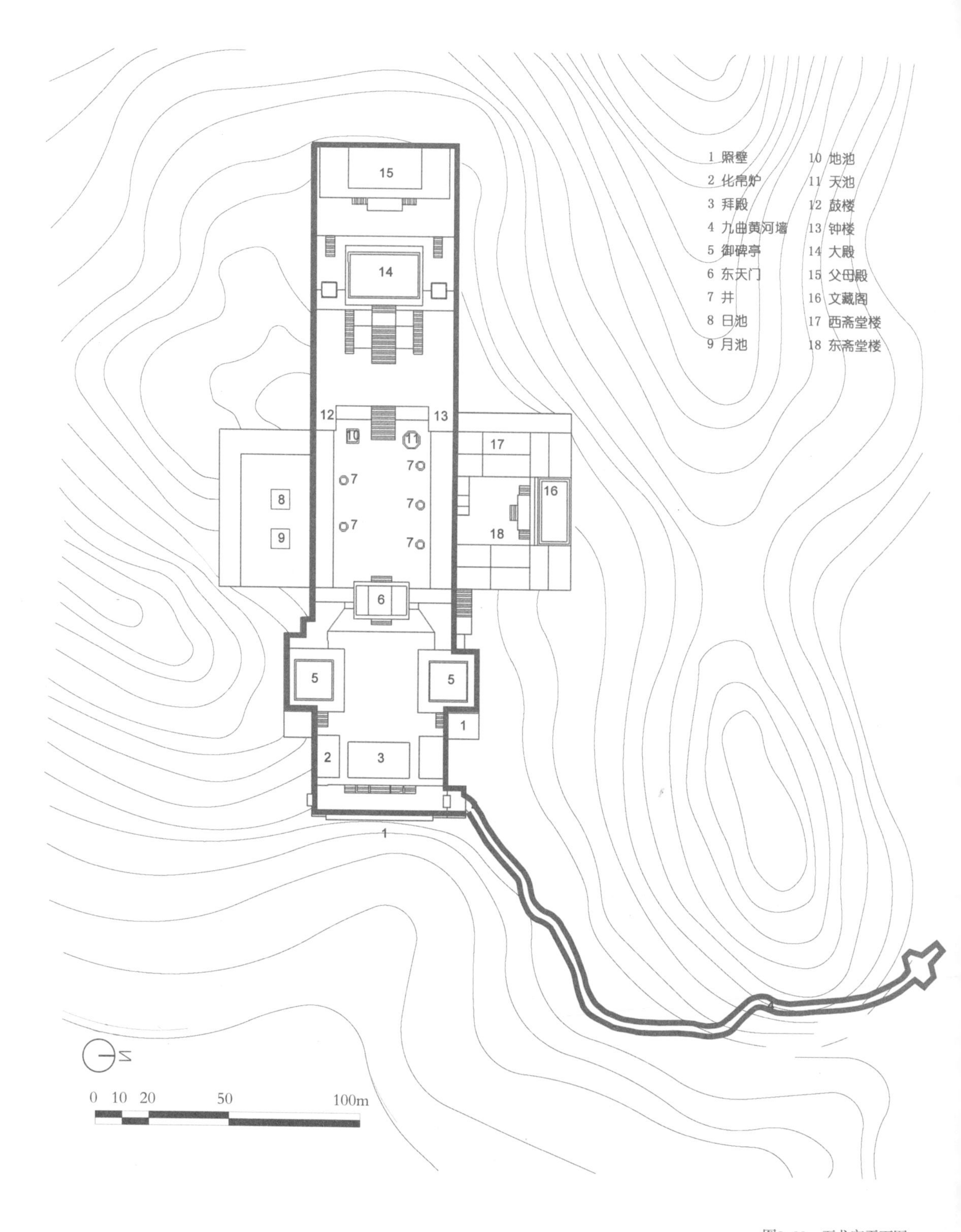

图9-23 五龙宫平面图
（图片来源：杜雁、阴帅可，《正神在山三城三境——明成祖敕建武当山道教建筑群规划意匠探析》）

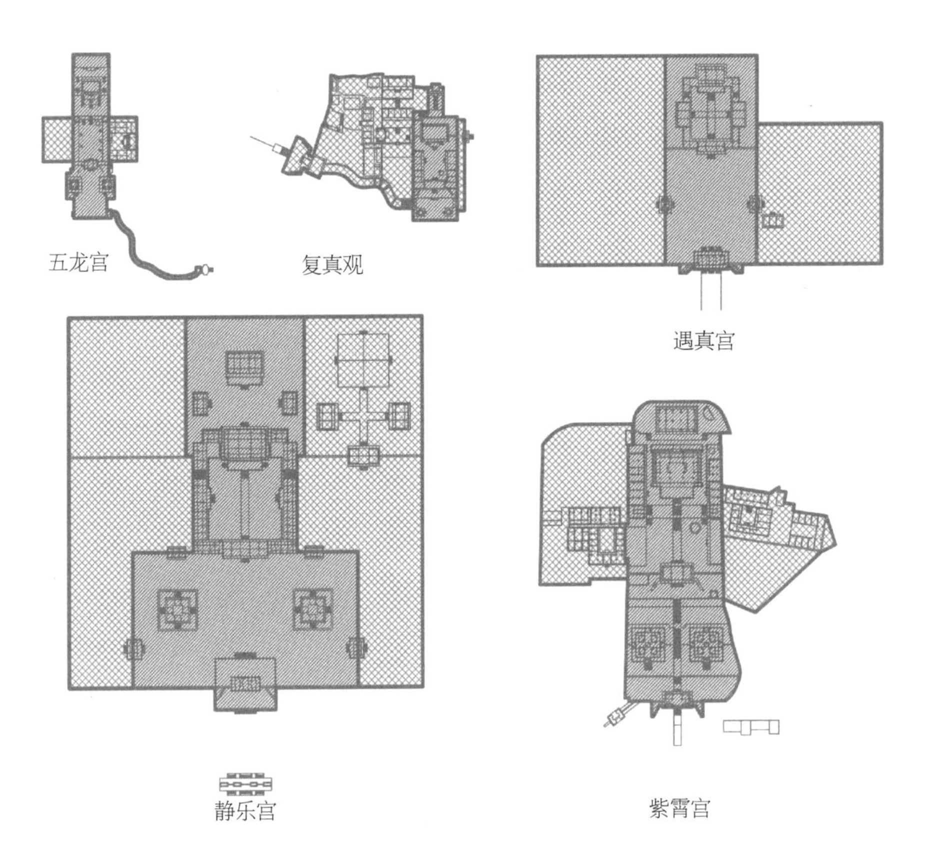

图9-24　武当山部分宫观祭祀区与院落空间关系图（深灰色部分为祭祀区）

在祭祀区、生活区和修炼区中地位最重要、保存最完好、最具代表性的空间是祭祀区（图9-24）。它既体现了皇室家庙的礼制要求，又是道教活动的主要空间，因此我们主要对祭祀区的院落空间进行研究。

武当山宫观的祭祀区与整体布局类似，采用三合或四合院的布局形式。一般的道教宫观祭祀空间只有一个中心院落采用独院式的布局模式，主体建筑也较少，一般为大殿、左右配殿和龙虎殿（或山门），空间组织较为简单。大型宫观的祭祀空间一般由多进院子纵向相接形成纵向多进式，主体建筑较多、空间组织较复杂，值得深入探讨。所以，本节在对祭祀区的主体建筑和空间组织进行研究时，选择大型纵向多进式的宫观祭祀区为研究对象。

9.3.1　祭祀区的主要建筑

与佛教寺庙的“伽蓝七堂”类似，道教宫观祭祀区的主要建筑也有固定的几种类型。武当山宫观由山门开始，一般有四座宫殿，分别是龙虎殿、朝拜殿、玄帝殿（正殿）及父母殿，在由明成祖敕建的道宫中成对布置御碑亭，有些宫观还有钟鼓楼、藏经楼等。武当山道教宫观的主要建筑信息如表9-1所示。

武当山宫观主要建筑 表9-1

	太和宫	南岩宫	紫霄宫	五龙宫	遇真宫	玉虚宫	静乐宫	复真观
山门	o	o		o	o	o	o	o
龙虎殿		o	o	o	o	o	o	o
朝拜殿	o		o	o		o		
玄帝殿	o	o	o	o	o	o	o	o
父母殿	o		o	o		o	o	o
御碑亭		o	o	o		o	o	
钟鼓楼	o		o	o		o		

注：o 表示有此建筑，无标记表示无此建筑；灰色底表示位于中轴线两侧。

建筑单体在庭院中坐落位置的偏正、朝向上的尊卑、顺序上的前后、层次上的内外，都被赋予了等级的语义；而各主体建筑的体量、造型往往根据所供奉主像在神界中地位的不同而有所变化。

山门为道教宫观的第一重建筑，一般建于方整石崇台之上。山林中的道观与平地的宫观有明显区别：太和宫（图9-25）、南岩宫（图9-26）、五龙宫、复真观等山林宫观中山门通常侧开，采用天门的形式，为单拱门，体量较小；而在遇真宫、玉虚宫（图9-27）和静乐宫三个平地的大型道宫中，山门是轴线上的第一重建筑，为三券拱门组成，体量较大，门下有须弥座青石雕花，两侧接八字琼花照壁和宫墙。三券拱门既符合武当山宫观轴线对称的院落空间布局模式，又代表了道教的“三界”，入三界为进入仙境。

龙虎殿亦称宫门，一般为中轴线上的第二重建筑（在不设山门时为第一重建筑）。建于方整石崇台上（图9-28～图9-30）。一般为歇山顶，面阔三间、进深两间，明间为穿厅，左右次间前半部分别供奉青龙、白虎两座神像。青

图9-25 太和宫山门为单拱门

图9-26 南岩宫山门

图9-27 玉虚宫山门为三券拱门

图9-28 紫霄宫龙虎殿

图9-29 玉虚宫龙虎殿

图9-30 五龙宫龙虎殿

龙、白虎为宫观的守护神。武当山的主要宫观中，唯有太和宫未设龙虎殿，但在引导空间的三天门中设灵官祠代替龙虎殿，内供守护宫观的护法神——王灵官神像。武当山在宫观前部供奉护法神以守护宫观，这一点与中国民间建筑通过在门上张贴神像祈求保护的思想极其类似。

朝拜殿（十方堂）是道教"十方丛林"挂单的地方。明朝时，武当山是全国的道教中心，各地道士络绎不绝。朝拜殿主要与道宫管理制度有关，专门安排接待来往道士，武当山七座大型道宫中仅静乐宫与南岩宫未设朝拜殿或十方堂（图9-31）。

而今现存的朝拜殿仅两座，即紫霄宫朝拜殿（图9-32）和太和宫朝拜亭

图9-31 玉虚宫十方堂遗址

图9-32 紫霄宫朝拜殿

图9-33　太和宫朝拜亭

（图9-33），且建筑形制不尽相同。紫霄宫朝拜殿面阔三间、进深两间，为砖木结构、歇山顶；而城门式建筑太和宫大殿在明代称朝拜殿，如今一般将大殿前的亭式建筑朝拜亭视为朝拜殿，空间狭窄，光线较暗。

玄帝殿亦称正殿，是道教宫观中最重要的建筑，规格最高，体量最大。一般在其前设有较大的广场，为消化山体高差，正殿建于崇台之上，通过数级台阶才能登上，在心理和视觉上都确立了其显赫尊贵的统治地位。太和宫金殿位于天柱峰顶，采用了建筑中最高等级的重檐庑殿式，面阔、进深皆为三间，似北京故宫太和殿的缩小版，材质上为铜铸鎏金。虽然规模不大，但建于武当山众峰之巅，地位显赫。紫霄殿建于三层崇台之上，大殿月台与左右中三条石作蹬道将紫霄殿衬托得宏伟壮丽、犹如皇宫，殿内供奉着明代泥塑彩画玄武坐像，是全山现存最大的泥像（图9-34）。南岩宫（图9-35）、紫霄宫、五龙宫（图9-36）、静乐宫大殿均采用重檐歇山顶，开间、进深皆为五间。玉虚宫大殿也为重檐歇山顶，面阔七间、进深五间。正殿中供奉的通常是武当山最尊贵的主神真武大帝。

武当山各大宫观在正殿之后都设有父母殿（图9-37、图9-38），这是武当山道教提倡“三教合一”的重要标志。由于全真派自兴创起就提倡“三教合一”，宣扬孝道，改变“出家人六亲不认”的旧章，而玄帝崇拜大致与儒家程

图9-34　紫霄宫大殿

图9-35　南岩宫大殿

图9-36　五龙宫大殿

图9-37　紫霄宫父母殿

图9-38　南岩宫父母殿

朱理学同时盛行。武当道教对真武大帝亲生父母尊称为圣父、圣母。因此，为表彰玄帝教化世人，明代建奉祀真武大帝的宫观，一般在供奉玄帝的大殿后的崇台上修建父母殿，殿内神龛供奉着圣父明真大帝和圣母善胜皇后的坐像。这是道家和儒家文化的交融，同时展现了对孝文化的重视和传扬。

御碑亭是专置皇帝圣旨碑的建筑，一般在中轴线的两侧对称设置（图9-39～图9-41）。御碑亭平面呈正方形，重檐歇山绿琉璃瓦顶，下部为石作须弥座崇台，四周设石雕栏板望柱，四面各设一莲弧拱券门。亭内各立一石

图9-39　五龙宫御碑亭遗址

图9-40　紫霄宫御碑亭和御碑

图9-41　南岩宫御碑亭

1 彭一刚. 建筑空间组合论［M］. 北京：建筑工业出版社，2005.

图9-42　紫霄宫钟楼

图9-43　紫霄宫鼓楼

碑，通高7.72～9.03m，由碑座、赑屃、碑版、碑帽四大件组成的青石雕赑屃驮圣旨碑。御碑亭通常成对设立，一碑为圣旨碑，内容是明皇帝为武当道教制定的道规；另一碑为记事碑，记述了皇帝敕建太和山道宫的原因及建设过程。

钟鼓楼在元、明、清三代专司更筹，铜漏壶、时辰香计时，鼓楼击鼓定更，钟楼撞钟报时，在没有钟表的年代，对人们的起居劳作起着相当重要的作用。紫霄宫钟鼓楼均为两层阁楼建筑，重檐歇山黑筒瓦顶，平面呈正方形（图9-42、图9-43）。钟鼓楼与正殿融为一体，晨钟暮鼓，增添了浓郁的宗教气氛。

9.3.2　祭祀区的空间组织

彭一刚在《建筑空间组合论》中指出："古典建筑形式整齐一律、对称均衡，具有和谐的比例关系和韵律、节奏感，各组成部分衔接得巧妙、严谨，真可谓添一分多、减一分少。"[1]

武当山道教宫观的祭祀区，采用中轴线布局，由主殿、配殿以及其他附属建筑围合成院落。空间组织体现了中国古典建筑布局的严谨秩序、节奏韵律，又注重与自然景观相结合，因地制宜，巧于因借，使各部分之间以及宫观与自然山林之间衔接得十分巧妙。一般祭祀区可以按照轴线上的建筑划分为若干进的院落，每进院落中轴线末端的建筑又是这个院落的核心建筑。

因各进院落核心建筑的规模、等级和功能不同，使空间组织也各具特色。依据各进院落不同的性质和特色将其划分为过渡空间、核心空间和后续空间。其中，核心空间最为重要，居于整个序列的中部，前后分别设置过渡空间和后续空间对其进行烘托，如紫霄宫的空间组织（图9-44）。

武当山祭祀区的院落空间中轴对称、层次分明、组织有序，前后空间相互照应，可分为过渡空间、核心空间和后续空间。总体上，武当山宫观祭祀区院落

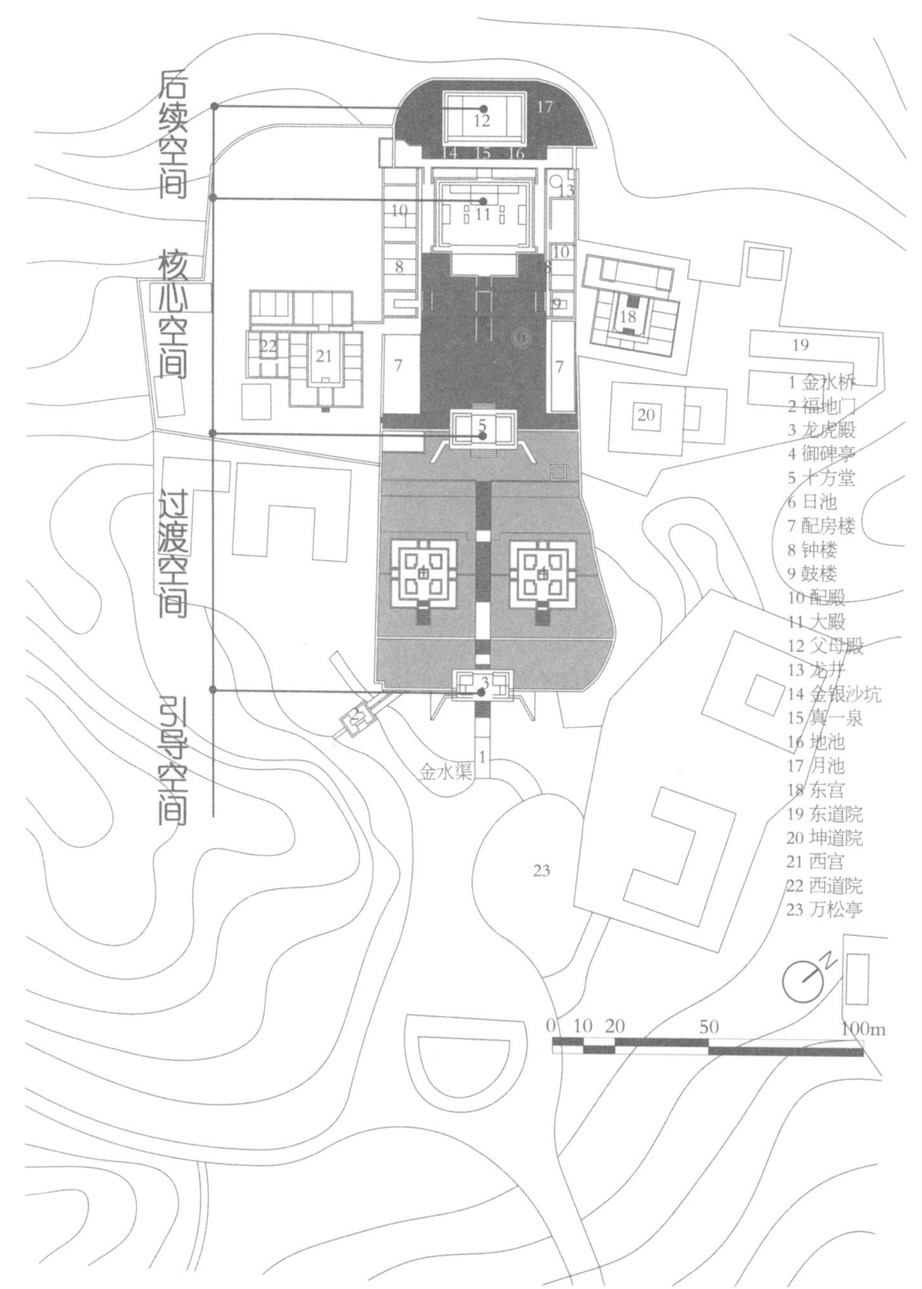

图9-44　紫霄宫祭祀区空间组织

有以下三个特点：①建筑与院落组合时以处于庭院后部的主体建筑为中心，形成明确的院落空间流线；②相邻庭院由各主体建筑作为入口，直接通往下一进院落空间；③进入一个空间后人们能够明确地分辨下一个需要进入的空间的路径。

（1）过渡空间

过渡空间位于整个祭祀区的前部，与宫观的引导空间相连，是核心空间的铺垫，是准备祭祀活动的空间。为了区分宫观内、外部空间，增加内部空间的

1《道德经》第十一章。

庄重和神圣气氛，过渡空间一般封闭而狭窄，建筑形式灵活多样。在地形受限的情况下，可以从侧面进入，为限定空间，轴线起始端或为倒座建筑，或为高大影壁。紫霄宫的过渡空间是从龙虎殿到朝拜殿的区域；南岩宫的过渡空间是指从小天门到龙虎殿的区域；而太和宫的过渡空间是古铜殿前面的空间。武当山宫观的过渡空间，一般为横向矩形，规模狭小。在建筑形式上除了宫门和龙虎殿外，还有具祭祀功能的建筑化帛炉及代表皇室家庙地位的建筑御碑亭等。从空间感受上，过渡空间是对核心空间的烘托，起增强和递进的作用。紫霄宫的过渡空间，通过多层台地和对称的高大御碑亭丰富层次，轴线两侧密植松柏营造庄重气氛，更将内部空间烘托得格外庄重、肃穆和神圣。

（2）核心空间

核心空间，又称祭礼空间，是武当山宫观环境空间的精髓，无论从主体建筑等级上，还是空间规模上，在每座宫观中都是最为突出的。核心空间是以宫观的核心建筑大殿为主体，并与两侧配殿配房，以及轴线上的前一座建筑所围合，是举行道教活动的主要场所。武当山宫观的核心空间院落宽阔、大殿雄伟高大、东西配殿配房相对低矮整齐，具有主次分明、方正、中轴对称的特点。

（3）后续空间

后续空间是核心空间的延续，院落和建筑的规模都很小。同时，作为相对封闭的庭院，在空间处理上是对核心空间的重要陪衬，增加空间层次；在空间序列上起到“转合”的作用，避免高潮之后戛然而止所造成的突兀。后续空间以其小巧细致的姿态与核心空间的庄严肃穆形成鲜明对比，使核心空间处于整个祭祀区的中心，形成众星捧月之势，更突出其庄严。

在后续空间中，太和宫金顶是最为特殊的。太和宫以位于天柱峰顶端的金殿院为后续空间；而太和宫祭祀区核心空间由于地形限制，院落面积小、空间局促。但金顶视野开阔，武当山壮丽的山景和太和宫的建筑映入眼帘，顿感“云外仙境”的意境。从空间布局上看，与核心空间院落形成对比，疏密有致。从景观上，不仅达到太和宫的高潮，更是全山的高潮。

9.4 祭祀区的空间形态

9.4.1 院落空间率

“三十辐共一毂，当其无，有车之用。埏埴以为器，当其无，有器之用。凿户牖以为室，当其无，有室之用。故有之以为利，无之以为用。”[1]可见，中国古代对空间已经有了深刻的认识。对于空间概念的“有”和“无”、“实”

与“虚”，不仅可以理解为建筑单体的“墙壁”与“室内空间”，如果以院落作为单位，也可以将其理解为围合院落的“建筑和墙体”与“院落空间”的关系。

本小节中院落的空间是一个统称，为“虚”空间，即围墙内除去墙壁和建筑外的所有空间，主要包含两部分：一是院子中间的开放空间，担负着宫观内部交通、公共活动等功能，我们称之为庭院；二是建筑单体外的附属空间，通过台阶、崇台、栏杆区分于中心庭院。一般而言，第二种类型的空间背靠建筑、面向庭院，与庭院相互渗透、连接为一个整体，但有时因为高差及空间的限定，对空间起到很强的分割作用，归属于建筑的灰空间，我们称之为建筑的附属空间。

本小节中院落空间率的概念主要用来表示院落中的“虚”“实”关系，所以包含了上述两种空间类型；而在下一节庭院的空间尺度分析中，考虑到两种“虚”空间的差异，将它们分开讨论，主要对第一种类型的空间尺度进行分析。

院落与建筑共同组成了宫观，它们之间的虚实比例关系便成了一个非常直观的空间差异现象。祭祀区院落的空间率显示了一组宫观的祭祀区有无院落及其院落空间的水平。

于是，可以以单体宫观祭祀区为单位，计算院落的空间率，具体公式如下：

G=各院落面积之和/祭祀区面积

整理16座道教宫观的祭祀区图纸，并将祭祀区院落空间面积与祭祀区面积分别用黑与网格填充（图9-45、图9-46）。

通过CAD测量各宫观祭祀区面积和各院落面积之和，计算得到16组宫观的院落空间率G（表9-2）。

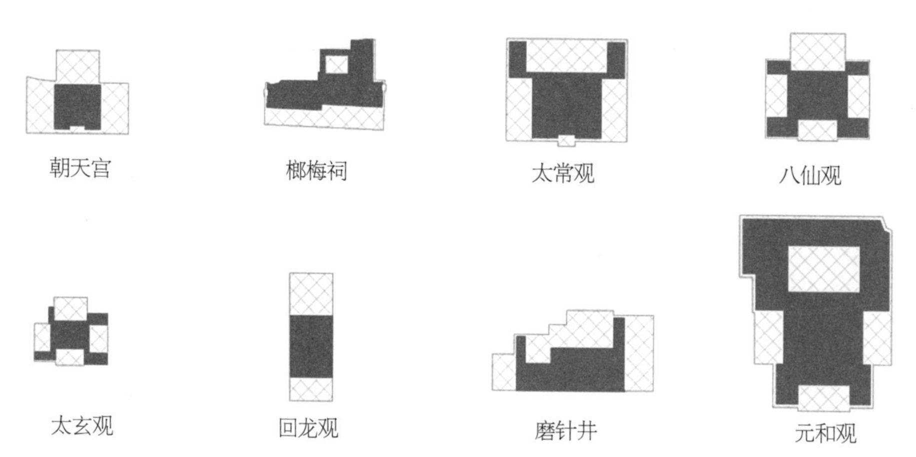

图9-45　武当山独院式宫观祭祀区院落空间

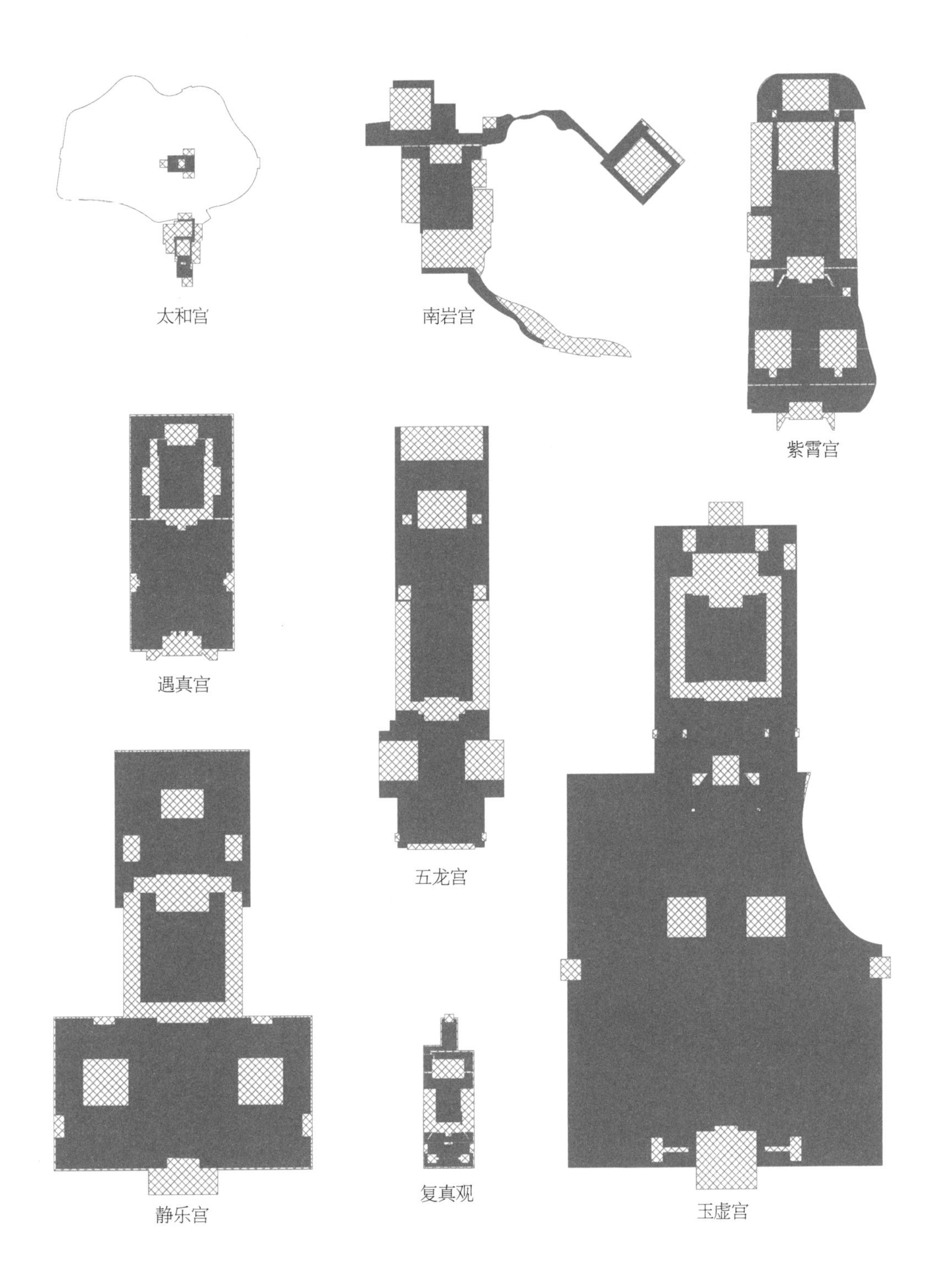

图9-46　武当山纵向多进式宫观祭祀区的院落空间

并运用统计软件SPSS 18.0对院落空间率数组进行统计分析，求得均值μ=0.55，标准差σ=0.163，数组近似服从正态分布，并得到数组的正态分布曲线，如图9-47所示。其中，独院式院落空间率均值μ=0.48，标准差σ=0.102，数组近似服从正态分布；纵向多进式祭祀区院落空间率均值μ=0.62，标准差σ=0.187，数组近似服从正态分布。

武当山宫观祭祀区院落空间率统计表 **表9-2**

	宫观名称	院落面积和（m²）	祭祀区面积（m²）	空间率 G	空间率分布柱状图
独院式	朝天宫	154	518	0.29730	
	榔梅祠	351	594	0.59091	
	太常观	440	958	0.45930	
	八仙观	355	759	0.46772	
	太玄观	141	318	0.44340	
	回龙观	212	434	0.48848	
	磨针井	360	831	0.43321	
	元和观	1261	2002	0.62987	
纵向多进式	太和宫	163	605	0.26942	
	南岩宫	3558	7451	0.47752	
	紫霄宫	7544	12531	0.60203	
	五龙宫	8858	13590	0.65180	
	遇真宫	6362	8260	0.77022	
	玉虚宫	43342	50087	0.86533	
	静乐宫	18516	24854	0.74500	
	复真观	1246	2187	0.56973	

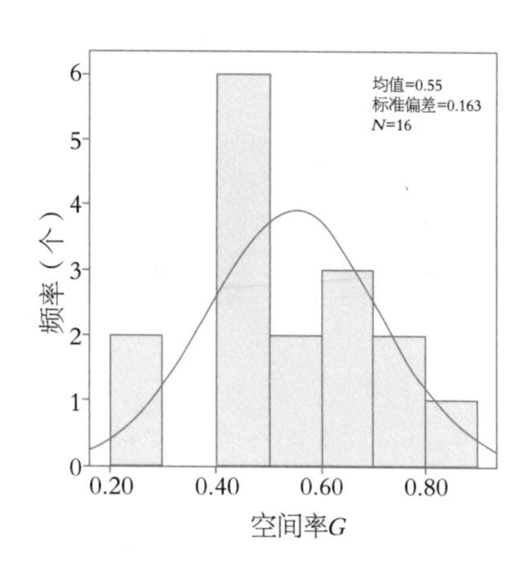

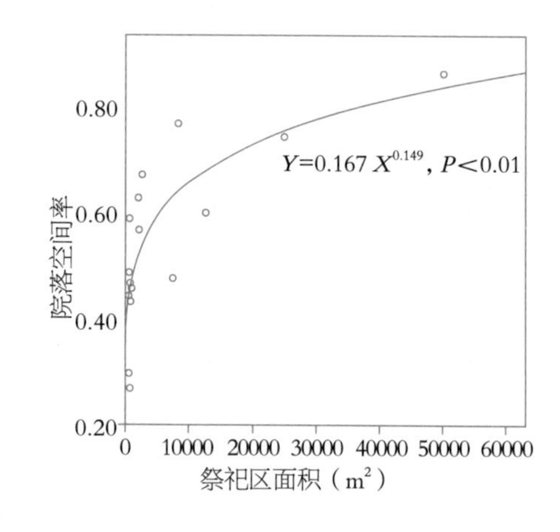

图9-47 祭祀区空间率分布图

图9-48 院落空间率与祭祀区面积的关系拟合

从以上数据分析中可以看出，除太和宫与朝天宫外，面积小于10000m²的道教宫观的院落空间率集中分布在0.4～0.5。并且院落空间率一般随着祭祀区面积的增大而显著增加（$P<0.01$），符合幂函数关系$Y=0.167X^{0.149}$（图9-48）。

1 龙宏. 山地城市-建筑-雕塑：人居环境的空间美学研究［D］. 重庆：重庆大学，2012.

这是因为，中国传统建筑的尺度一般都不太大，更大的祭祀区要求更多的庭院或是更大的院落，而武当山宫观的祭祀区因为功能要求，中轴线上的庭院数量为3～4个，差别不大。所以，随着祭祀区面积的增大，庭院空间率也逐渐增大。

9.4.2 庭院空间尺度

庭院空间尺度包括院落的长度和宽度，院落的形状和大小，围合院落的建筑高度与院落宽度的比例等。尺度的不同使人们产生不同的空间感受，芦原义信认为25m的尺度空间可以给人带来亲密感。西特也发现15～21m的小广场可以给人带来亲切、愉快的感受，而古代城市广场的平均尺寸是57m×143m，符合人们相互识别的视距要求。在一个两倍其高度的距离上也就是最大角度27° 时可以看清楚一座建筑物，而通过45° 角度仰视，则可显示出所观察物体的高大和威严[1]。阿尔伯蒂认为广场的高宽比应该介于1：3与1：6之间，1：4是观察者整体欣赏到前方景物的最佳比例。

武当山宫观在整体上给人强烈的统一感，不仅在建筑的构造及手法上，在院落空间处理上也十分相似，包括各庭院空间尺度的营造和它们之间的衔接与对比。人们的空间感受主要是在行进的过程中得到的，而武当山宫观中的建筑尺度并不大，对于山林道观，院落的绝对尺度也十分有限，开敞的视觉效果需要通过庭院空间尺度的对比来完成。建筑的高度也需要通过基座的抬高来实现，所以对庭院空间尺度的研究是十分必要的。

分别对八个独院式宫观和纵向多进式宫观的祭祀区院落空间尺度进行统计，主要包括进深、面宽、长宽比和面积，此处所说的"进深"为庭院垂直于主要建筑方向的长度,"面宽"为庭院沿主要建筑方向的长度,"长宽比"为"进深"与"面宽"的比值。对各庭院空间尺度的大小，以及相同宫观的不同院落和不同宫观中相同性质的庭院空间进行对比分析，以期得出武当山宫观祭祀区庭院的尺度规律及营造手法，为武当山宫观的保护重建或山地院落空间营造提供依据。

（1）独院式宫观

对武当山保存较好或资料较详细的独院式宫观朝天宫、榔梅祠、太常观、八仙观、太玄观、回龙观、磨针井、元和观8个祭祀区院落空间尺度进行统计，并整理分析如表9-3所示。

独院式宫观祭祀空间分析表

表9-3

	进深（m）	宽（m）	长宽比	面积（m^2）	平面形态	平面图示
朝天宫	12.3	12.9	0.95	127.3	“凹”字形	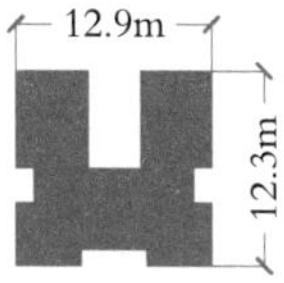 12.9m 12.3m
榔梅祠	6.8	19.4	0.35	215.9	长方形	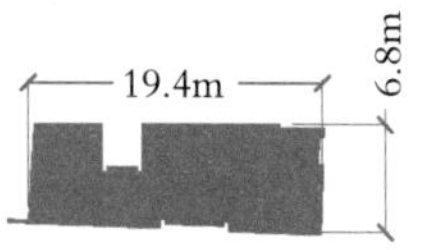 19.4m 6.8m
太常观	17.9	19.4	0.92	421.1	方形	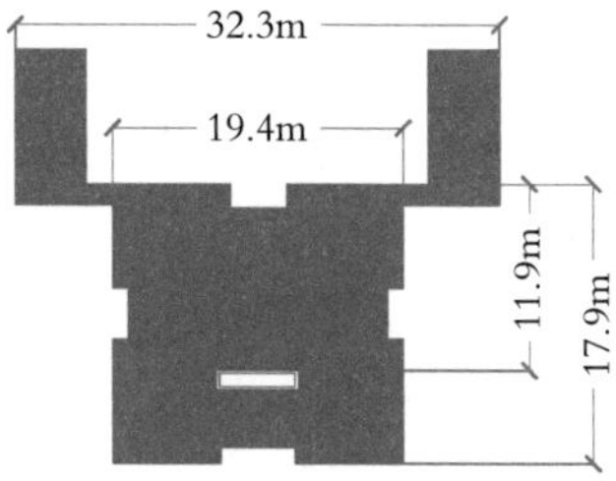 32.3m 19.4m 11.9m 17.9m
八仙观	13.2	16.9	0.78	312.8	“X”形	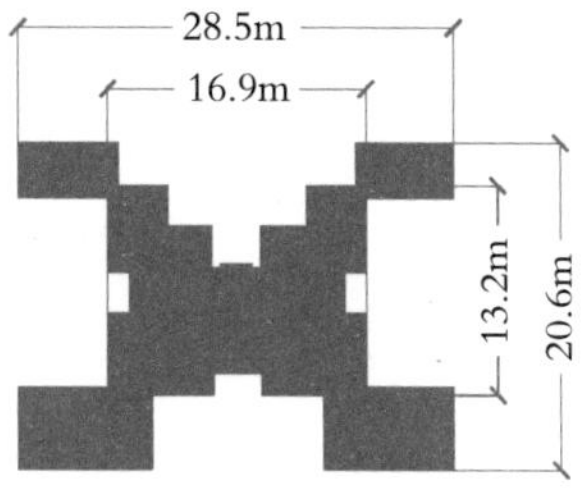 28.5m 16.9m 13.2m 20.6m

续表

	进深（m）	宽（m）	长宽比	面积（m^2）	平面形态	平面图示
太玄观	7.6	10.8	0.70	99.6	长方形	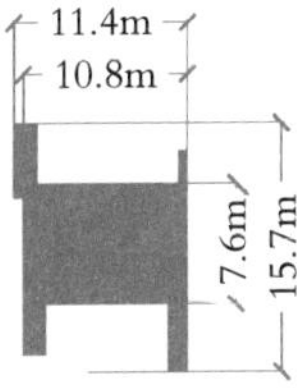 11.4m 10.8m 7.6m 15.7m
回龙观	12.1	12.4	0.98	141.6	“凹”字形	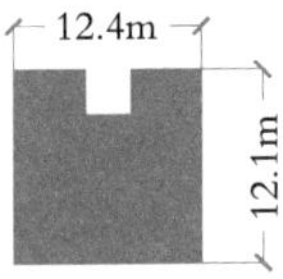 12.4m 12.1m
磨针井	11.7	29.8	0.39	325.4	长方形	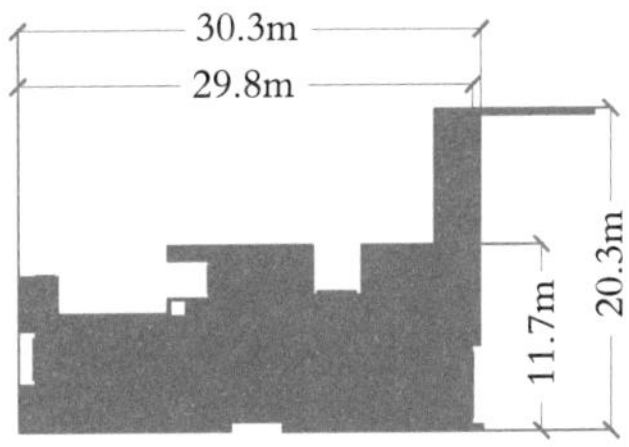 30.3m 29.8m 11.7m 20.3m
元和观	21.8	22.3	0.98	540.8	方形	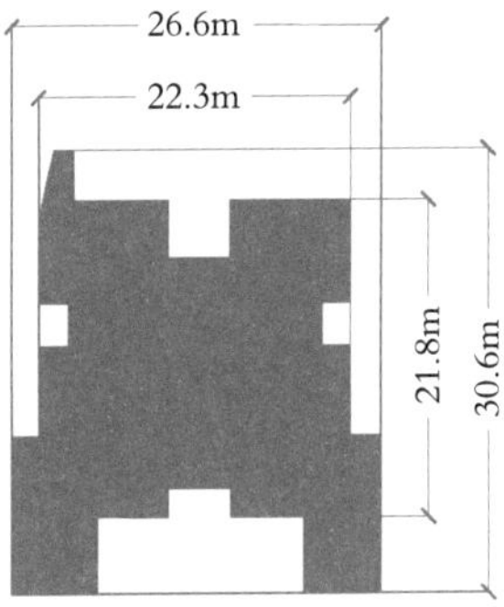 26.6m 22.3m 21.8m 30.6m

可以看出，独院式院落空间平均进深约13m，宽约18m，进深在6.8～21.8m，宽在10.8～29.8m，并且进深都小于宽，院落呈扁长方形。此外，在场地受地形限制较小的宫观中，长宽比接近于1：1。独院式院落空间平均面积约273m^2。在面积为100～150m^{2}的祭祀区院落中，朝天宫和太玄观（老君堂）高差大、院落封闭、围合强，给人感觉空间局促；而榔梅祠祭祀区院落与祠翁建筑前庭院及道房院落相渗透，回龙观因为建筑主体毁坏，并没有给人带来压抑之感；而300～400m^{2}的院落亲切宜人，540m^{2}的元和观院落是独院式宫观的最大庭院，使人有开阔的感觉。

（2）太和宫

太和宫主体建筑群位于小莲峰与紫金城南天门之间，虽然地形复杂，但为了表达神权与皇权的统一，祭祀区依然沿南北轴线布局，且正对金殿。轴线上依次为转运殿、朝拜亭、太和殿、南天门（图9-49）。太和宫由转运殿院到金殿院的三进院落形成，分别为过渡空间、核心空间和后续空间。

转运殿院背靠小莲峰、面朝金殿，建筑依山势建于三层台上，巧妙利用地形，营造错落有致的院落空间（表9-4）。转运殿院为扁长方形，长3.5m，宽7.8m，面积为22m^2。经二山门进入太和殿院，南北长15.2m，东西宽9.8m，面积为75m^2，分布在两峰之间地势平坦处。中心布有朝拜亭，两侧有万圣阁、钟鼓楼和道房。太和殿院在空间营造上最关键的是朝拜亭的运用：首先，此院落空间狭小，通过朝拜亭遮挡阳光，阴暗的光线增添了朝拜的神秘氛围；其次，由于朝拜殿与太和殿间距很短，只能穿过朝拜殿看到太和殿的局部，增加了敬畏感；最后，中心的朝拜亭作为灰空间，使人在其中感受为一个空间，而在金顶俯视却只见屋檐不见院落，更容易产生“天上琼楼”之感。

后续空间是位于天柱峰顶端的金殿院，空间相对独立。院落以金殿为中心，左右分别为签房和印房，后为父母殿，整体上呈长方形，南北宽9.3m，东西长15.3m，面积112m^2。金殿位于院落中心，并矗立于山峰之端，历经六百年依然金光灿灿、神光焕发。在此俯瞰四周，顿感空间开阔、心情舒畅，七十二峰朝大顶的神奇景观尽收眼底。同时，太和宫轴线为南北方向，金殿朝东，通过高程和轴线的转折突出金顶至高无上的地位。从空间布局上来看，与核心院落形成对比，疏密有致。从景观上，不仅达到太和宫的高潮，更是全山的高潮。

（3）南岩宫

由于空间局限，南岩宫的过渡空间打破了对称的布局方式，将两御碑亭分别处于两个空间中。进入小天门为东御碑亭院，呈“回”字形，御碑亭与小天门庭院宽7.0m，长33.8m，总面积为503m^2。穿过崇福岩为龙虎殿院，为矩

太和宫祭祀区庭院空间分析表　　表9-4

院落	进深（m）	宽（m）	长宽比	面积（m^2）	平面形态	平面图示
转运殿院	3.5	7.8	0.45	22	长方形	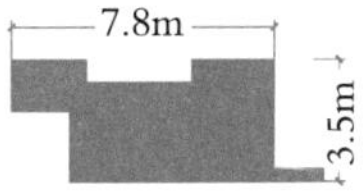
太和殿院	15.2	9.8	1.55	75	“回”字形	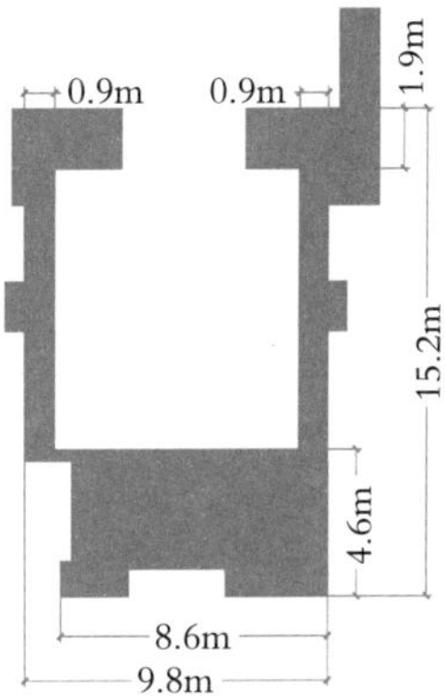
金殿院	15.3	9.3	1.65	112	“回”字形	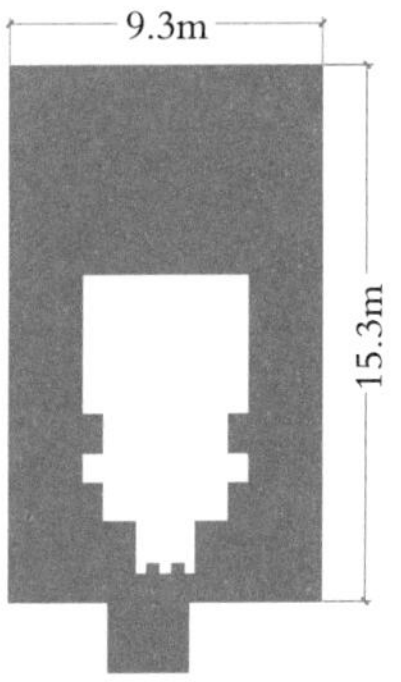

形，布有西御碑亭和琉璃化帛炉，长66.8m，进深约8.2m，面积为584m^2，此处为东西神道的交汇处。

核心空间处于山凹处，呈中轴对称，由龙虎殿、玄武大殿、两座配殿、两座配房围合而成，院落呈长方形，进深19.5m，配殿间距30m，面积为778m^2。玄帝大殿建于两层崇台之上，轴线上除龙虎殿和玄帝大殿外还布有甘露井（图9-49、图9-50）。

出玄帝大殿后为后续空间，巧妙将悬崖与自然环境融为一体。宽3m，长30.3m，面积342m^2，总体上空间狭长，虽然游人所处的空间十分有限，但是视线开阔，削弱了空间狭窄的感觉。具体空间尺度分析如下表9-5所示。

图9-49　太和宫剖面图
（图片来源：《世界文化遗产——武当山古建筑群》）

图9-50　南岩宫剖面图
（图片来源：《世界文化遗产——武当山古建筑群》）

南岩宫祭祀空间分析表

表9-5

	进深（m）	宽（m）	长宽比	面积（m^2）	平面形态	平面图示
东御碑亭院	33.8	7.0	4.83	503	“回”字形	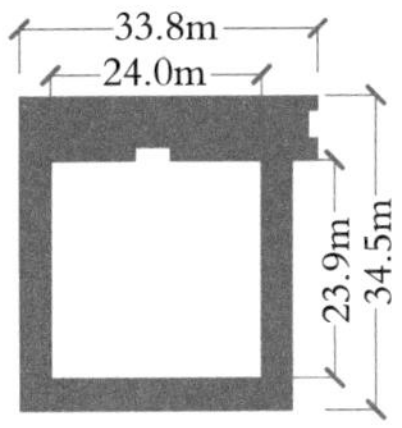 33.8m 24.0m 23.9m 34.5m
龙虎殿院	8.2	66.8	0.12	584	长方形	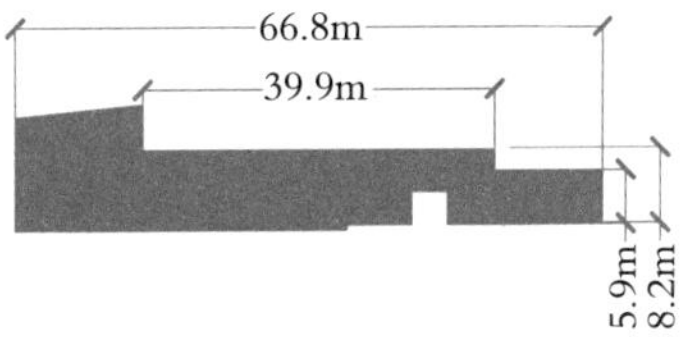 66.8m 39.9m 5.9m 8.2m
大殿院	19.5	30.0	0.65	778	“凹”字形	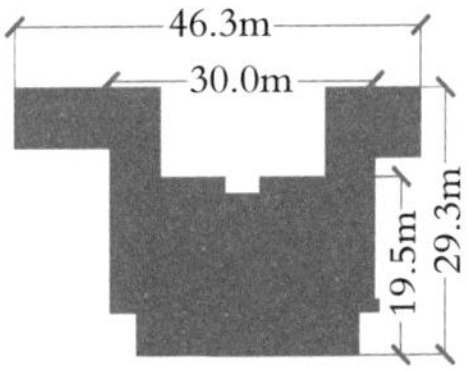 46.3m 30.0m 19.5m 29.3m
两仪殿院	3.0	30.3	0.10	342	“L”形	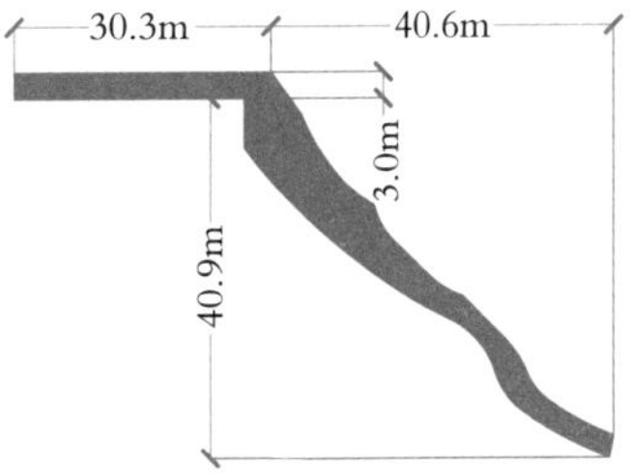 30.3m 40.6m 3.0m 40.9m

（4）紫霄宫

紫霄宫位于展旗峰下的山坡上，祭祀区按中轴对称分布，随地形抬高分为九层台地和三进院落，分为过渡空间、核心空间和后续空间（表9-6、图9-51）。

紫霄宫祭祀空间分析表 表9-6

院落	进深（m）	宽（m）	长宽比	面积（m^2）	平面形态	平面图示
十方丈院	81.3	76	1.07	4097.6	正方形	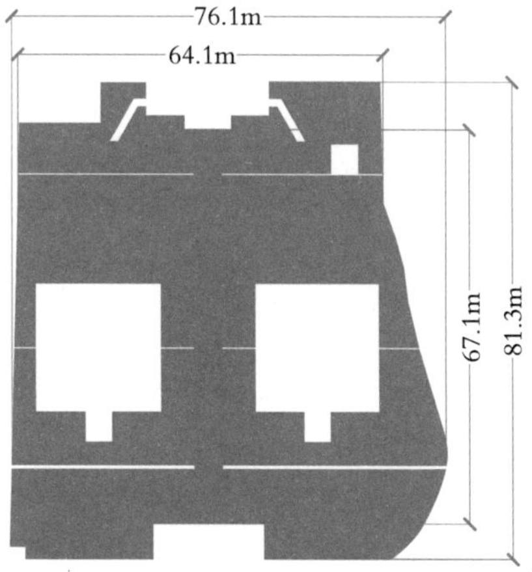 76.1m 64.1m 67.1m 81.3m
紫霄殿院	28.9	39.7	0.73	1244.2	“凸”字形	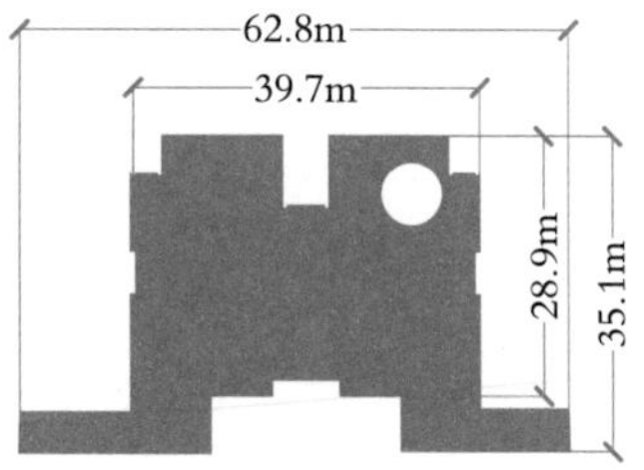 62.8m 39.7m 28.9m 35.1m
父母殿院	6.3	57	0.11	227.0	“凹”字形	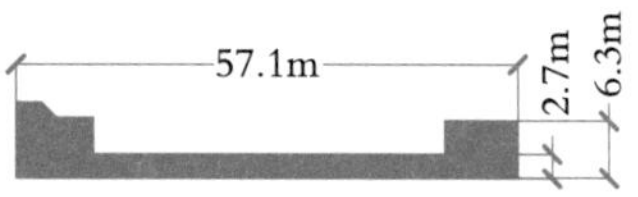 57.1m 2.7m 6.3m

图9-51　紫霄宫剖面图（图片来源：《世界文化遗产——武当山古建筑群》）

进龙虎殿的十方堂院为过渡空间，进深81.3m，宽76m，面积4097.6m^2，包括两座110级蹬道和两座御碑亭。连续攀登使人产生心理上的敬畏与虔诚，并将视线向上引导；两边高大的御碑亭增加了空间的层次，同时也是历史上皇家宫观的见证。虽然整体面积较大，但通过高差将此院落分为六级台地，再沿蹬道两侧与十方堂密植古树，增加了肃穆感和庄严的气氛，同时使空间紧凑、要素紧密，为后面核心空间做好铺垫。

过十方堂为紫霄宫祭祀区的核心空间紫霄殿院，进深约29m，宽40m，面积4098m^2。紫霄殿建于崇台之上，显得高大雄伟，东西设配殿和钟鼓楼，在崇台下方与十方堂围合成近正方形的院落，与前一进院落相比显得十分宽敞，是举行道教活动的主要室外空间。

后续空间为父母殿院，是全宫中最小的一进院落，长57m，宽6.3m，面积227m^2。殿前空间狭窄，父母殿两侧种植广玉兰、桂花等，后面通过宫墙与自然山林相隔离。此空间与紫霄殿院形成鲜明对比，消除了之前的敬畏之感，投身自然，轻松且安静。

（5）五龙宫

五龙宫背靠灵应峰，面对金锁峰，环绕磨针、青羊、飞云诸涧。轴线上依次为水帘洞、照壁、拜殿（遗址）、龙虎殿、玄帝殿和父母殿，形成四进院落。过渡空间包括拜殿院和龙虎殿院两进院落（图9-52）。

拜殿院从照壁至朝拜殿，呈狭窄的扁长方形，东西50.4m，南北15m，面积约629m^2；五龙宫面朝沟壑，通过照壁既弥补了地理上的缺陷，又完成了轴线的转折；朝拜殿两山接宫墙分隔空间。

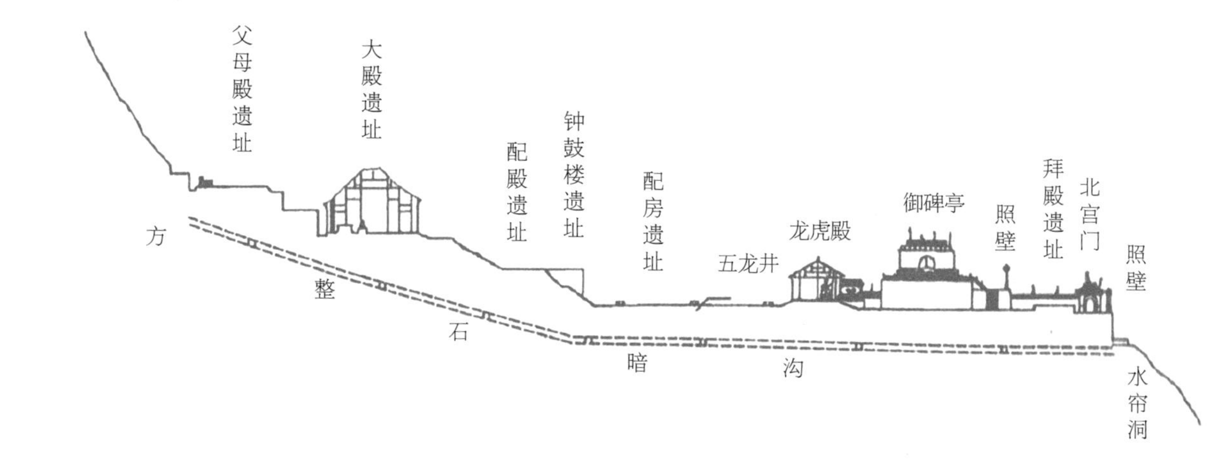

图9-52　五龙宫剖面图
（图片来源：《武当山古建筑》）

龙虎殿院大致呈方形，进深59.4m，宽27.2m，面积约1954m²；中间由方整青石海墁铺砌成的宽广御路连接两殿，御路两边对称布置两座御碑亭，建于6.5m高的崇台之上，显得高耸威严。龙虎殿两山接八字绿琉璃照壁和宫墙划分空间。

穿过龙虎殿为玄帝殿院，是五龙宫的核心空间，进深60.8m，宽36.1m，面积约2000m²。院落宽广而方正，青石海墁铺砌，大殿建于五层崇台之上，高大威严。院内共有井七口：其中五口井为正六边青石崇台，为五龙井（南边两口、北边三口）；大殿崇台之下，一圆一方为天池、地池。玄帝殿院的地坪低于玄帝殿及两侧的南北道院，形成藏风聚气的理想风水之所。

第四进院落为父母殿院，是五龙宫的后续空间，长54.5m，宽13.6m，面积782m²。空间狭窄而收束，父母殿建于大殿后的崇台之上，南有元代碑（表9-7）。

（6）玉虚宫

玉虚宫是武当山规模最大的道宫，是明成祖大建武当山时的大本营，坐落在525hm²的盆地中，在明代敕建前为三丰祠。

玉虚宫城墙素有“五城围护”之说[1]。从外至内，依序为天门、宫门、外乐城、里乐城、紫禁城（图9-53）。第一道，以山为城墙，玉虚宫的东、西、北三座天门，将宫前左右山峦连接起来；第二道宫墙部分，多为嘉靖年间扩建，宫门内西为天地坛，东为泰山庙，左右对称，山门前对称分布嘉靖御碑亭；第三道宫墙，习惯称为“外乐城”，以山门为中心，宫墙向两侧展布；第四道宫墙即为“里乐城”或“皇城”，以龙虎殿为中心通过宫墙分隔内外；第五道宫墙是紫金城，宫墙以十方堂为中心隔断内外。

玉虚宫山门以内的部分现存遗址主要由四进院落构成（表9-8）。

1 张良皋．武当山古建筑（武当文化丛书精选）［M］．北京：中国地图出版社，2006.

五龙宫祭祀空间分析表 表9-7

院落	进深（m）	宽（m）	长宽比	面积（m²）	平面形态	平面图示
朝拜殿院	15	50.4	0.30	629	“凹”字形	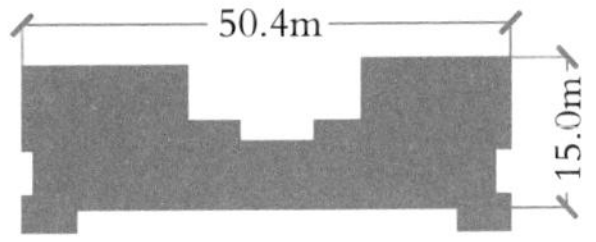
龙虎殿院	59.4	27.2	2.18	1954	方形	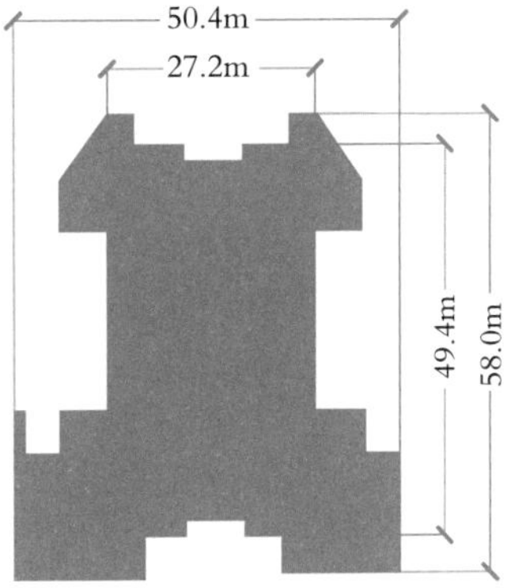
玄帝殿院	60.8	36.1	1.68	2000	长方形	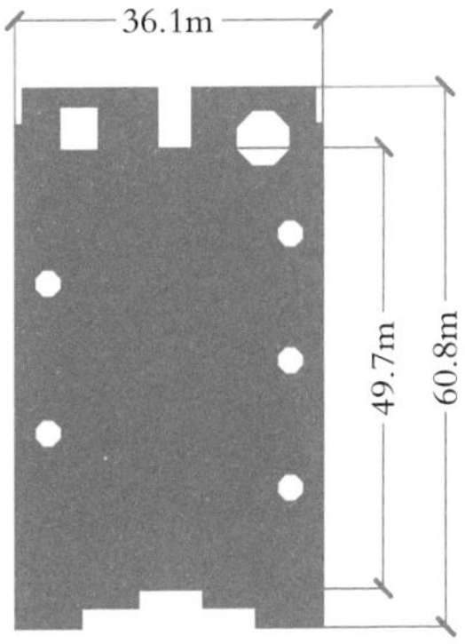
父母殿院	13.6	54.5	0.25	782	“凹”字形	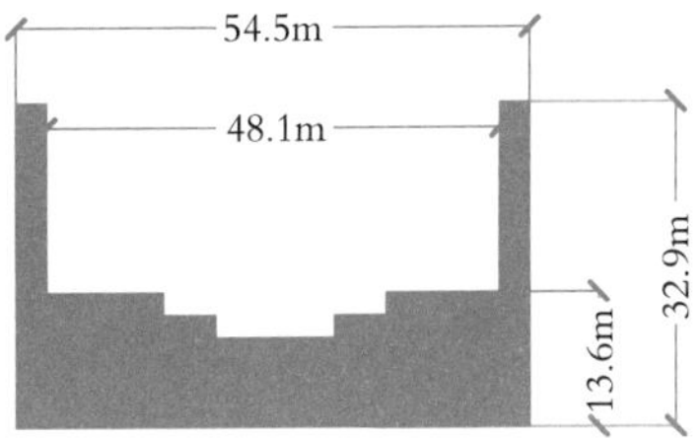

图9–53　玉虚宫总平面图（图片来源：引自《武当山古建筑》）

玉虚宫祭祀空间分析表

表9-8

院落	进深（m）	宽（m）	长宽比	面积（m^2）	平面形态	平面图示
龙虎殿院	222.7	185.0	1.20	34438	正方形	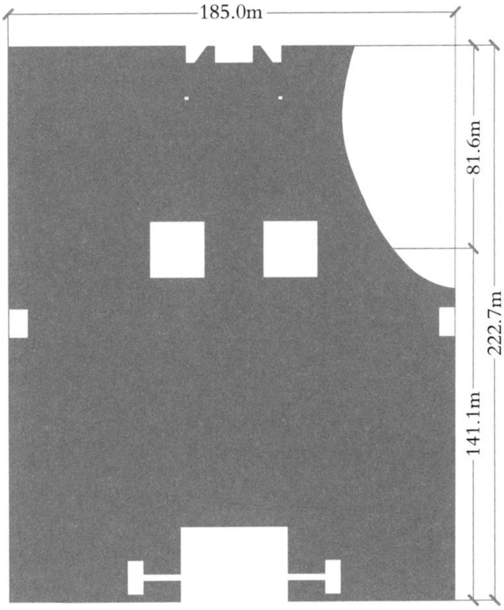 185.0m 81.6m 222.7m 141.1m
十方堂院	42.5	84.0	0.51	3209	长方形	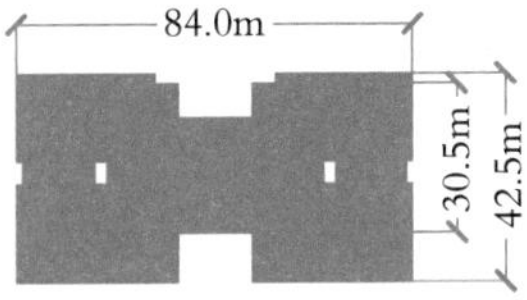 84.0m 30.5m 42.5m
大殿院	50.0	48.0	1.04	2035	正方形	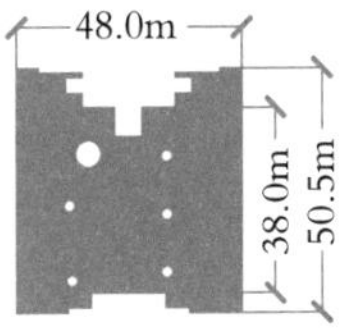 48.0m 38.0m 50.5m
父母殿院	15.5	34.9	0.44	443	长方形	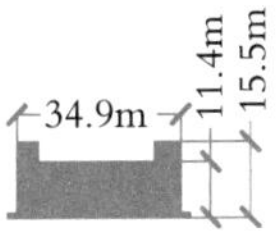 34.9m 11.4m 15.5m

过渡空间包括龙虎殿院和十方堂院。龙虎殿院是4.4hm^{2}的大院，东西宽185m，南北长222m。龙虎殿前有玉带河，源于西方的山涧，因西方属金，故又称“金水渠”，渠身为方整石，两岸饰石栏望柱。院内沿轴线对称耸立永乐御碑亭，两侧有通往东西宫的大门——西华门和东华门。

过龙虎殿为十方堂院，呈扁长方形，为方整石海墁大院，进深42.5m，宽84m，两侧对称设有绿琉璃化帛炉，两边设东西石门——小宫门。

第三进院落为核心空间玄帝殿院，由玄帝殿、十方堂、左右配殿及连接的厢房廊庑围合而成，方整石海墁铺装，近方形，进深50m，宽48m。院两侧分布五座花坛和一座八角青石须弥座礼斗台。

过大殿遗址，为后续空间父母殿（启圣殿）院。呈扁长方形，进深15.5m，宽34.9m，殿西有小观殿，殿东为元君殿。殿后是石挡墙，挡墙上为平台，平台上有象征四时的四个石鼓。

（7）复真观

复真观由于地形的限制，随山而建，布局较为灵活。由“九曲墙”进入，宫门侧开。祭祀区沿轴线主要由三进院落组成，从二山门到龙虎殿为过渡空间，龙虎殿至正殿为核心空间，正殿至太子殿为后续空间。各院落在视线上相互独立，空间上却相互联系（表9-9、图9-54）。

龙虎殿院呈横长方形，东西向由照壁、龙虎殿限定，南北向由两座山门限定，完成轴线的转折。东西进深13.7m，南北宽28.2m，面积约300m^2。院中有化帛炉和拜斗台，给空间带来了历史感。

图9-54 复真观剖面

复真观祭祀空间分析表 表9–9

院落	进深（m）	宽（m）	长宽比	面积（m^2）	平面形态	平面图示
龙虎殿院	13.7	28.2	0.49	300	长方形	28.2m；13.7m
正殿院	24.7	14.5	1.70	414	长方形	28.2m；14.5m；24.7m；27.8m
太子殿院	15.1	8.5	1.78	158	“L”形	18.9m；8.5m；2.5m；15.1m

正殿院由龙虎殿、大殿和南北配房围合而成，围合感强。院落呈纵向长方形，进深24.7m，宽14.5m，面积414m^2，是全观最大的院落。正殿建在高台上，成为这一空间的主体，正殿高7m，从龙虎殿看大殿的仰角大于21°，使人在院中完全看不到后面的太子殿。

太子殿院是复真观的最后一进院落，也是全观中面积最小的一组院落。空间局促，高差大，由太子殿、台阶和院墙围合，呈“L”形，东西进深15.1m，南北宽8.5m，面积仅158m^2。太子殿位于全观最高处，需攀登长且陡峭的台阶才能到达，台阶两侧种有古枣树，古朴而气质脱俗。

（8）**遇真宫**

遇真宫地势平坦，以南北轴线展开布局，主体建筑三路并列，轴线以东为东宫，以西为西宫，正面宫墙长237m。两宫原有200余间殿宇，1935年7月被山洪冲毁。

遇真宫祭祀区有两进院落。山门至龙虎殿为第一进院落，为宽阔的广场，中轴线为宽广石铺御路，长62m；龙虎殿至大殿为第二进院落，为方形大院，东西宽28.5m，南北长29.9m，两侧有厢房廊道连接大殿、龙虎殿、真仙殿、西配殿，形成一座巨大的四合院。值得注意的是，大殿为遇真宫的最后一重建筑，与其他道教宫观相比没有后续空间。

（9）**静乐宫**

静乐宫建在平坦之地，坐北朝南，位于古均州城北部，平面基本呈正方形，南北长346m，东西宽352m，占地12hm^2，全部为方整青石海墁。

从现有资料看，静乐宫与遇真宫一样分三路布局。中轴线以东称东宫，以西称西宫。中轴线上由外至内分为三个部分——外乐城、里乐城和紫金城。静乐宫的第一重大门为石牌坊，过石牌坊即为山门。山门为三孔拱券大门，左右通过八字照壁连接宫墙划分内外，外面为外乐城，里面为里乐城。里乐城由红墙绿瓦的宫墙围合，并在东西墙上各开宫门——东华门和西华门，院内按轴线对称分别布有两座御碑亭和琉璃化帛炉。穿过龙虎殿院即为龙虎殿，龙虎殿两侧接宫墙，内为紫金城。紫金城也是大殿院，由龙虎殿、廊庑、东西配殿、大殿围合成一个四合大院。最后一进院落为父母殿院，左右为配殿，后有假山曰紫金，并在外侧有宫墙围护。

将太和宫、南岩宫、紫霄宫、五龙宫、玉虚宫、复真观六座数据详尽的宫观各进院落的进深和面积输入Excel，计算各进院落进深和面积的比例，并得到图9-55、图9-56。

可以看出，除玉虚宫的过渡空间外，其他院落进深和宽都在60m以内，形成较好的围合感，符合芦原义信的距离理论，他将距离为70～100m的范围称为“社会性视域”。过渡空间平均进深35m，宽约48m，面积约1011m^2；核心空间平均进深33m，宽约30m，面积约1091m^2；后续空间平均进深11m，宽约32m，面积约344m^2。核心空间是宫观中最重要的院落空间，一般接近于正方形，使人们在前一座建筑门口观察院落的水平视角接近60°，而60°正是人眼观察事物的最佳水平视角；并且，核心空间院落的宽度通常在30m左右，相当于古代“百尺”的概念，符合人们能够看清物体细部特征的距离要求。

因为同一座宫观各庭院的宽度通常差别不大，所以院落的进深大小在一定程度上也反映了各进院落面积的大小（图9-55、图9-56）。在同一个宫观中，各进院落的空间尺度差异很大。通常核心空间为宫观的最大院落空间，过渡空

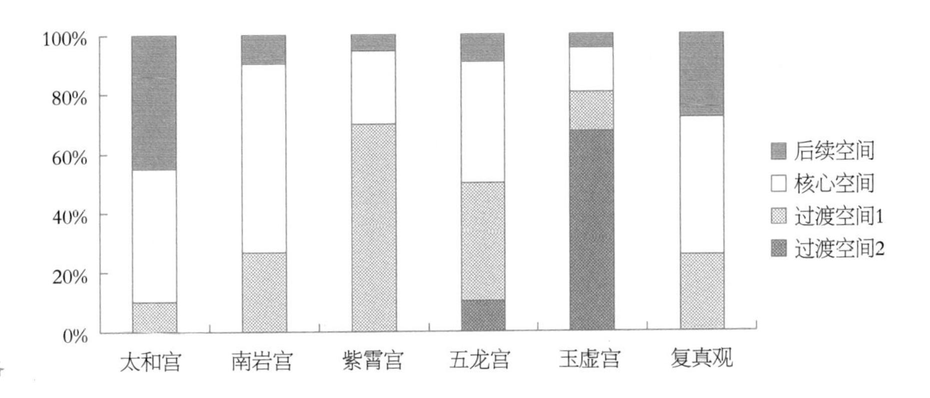

图9-55　纵向多进式宫观各进院落进深所占比例

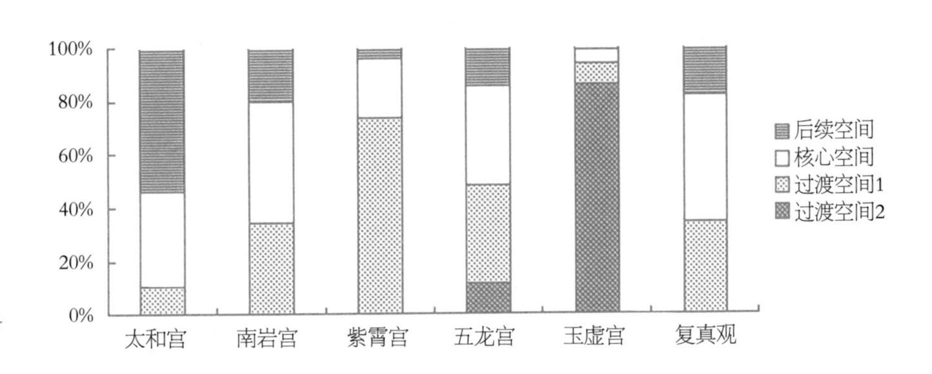

图9-56　纵向多进式宫观各进院落面积所占比例

间次之，后续空间最小。玉虚宫是明代大建武当山时的大本营，并且在明清两代有军队驻扎，所以在山门内的过渡空间是一万多平方米的广场；紫霄宫过渡空间虽然面积大于核心空间，但高差较大并种满柏树，实际空间感觉局促；太和宫祭祀区主体建筑建于小莲峰与天柱峰的山坳之间，空间局促，为营造出天上神宫的氛围，建筑密度较大，院落空间尺度较小，而金顶为全山的景观高潮，在明代是皇家圣地，今天又是游客停留的重要景点，所以需要一定尺度的广场空间，后续空间所占比例较大。

后记

中国名山秀丽的风景、深厚的文化内涵和历史积淀，一直吸引着我。从读博士起，带着对自然的敬畏，开始踏访各地名山。从博士阶段开始研究武当山，并获得“北京林业大学研究生创新科技项目”的支持，留校任教后又得到了“北京林业大学新进教师科研启动基金”的支持，使得该研究得以持续开展，到现在已持续10年。此书中的部分内容来自于我的博士毕业论文，该论文还曾获得“北京林业大学优秀博士论文”。

在研究和成书的过程中，得到了众多师长、同学及朋友的帮助，在这里一一表示感谢。

感谢中国林业科学研究院的王希群先生和林产工业规划设计院的郭保香老师，在研究内容的确定和资料的收集中给予了极大的帮助，在研究进入踌躇之际，曾多次与先生探讨研究思路，王先生给予了细致的学术指导，促进了对武当山名山风景研究框架的凝练，拓展了我的学术思维。

感谢北京林业大学董丽教授和林箐教授对我研究与实践工作的引导和支持，在学习和工作期间参与两位老师主持的多个实践和科研项目，使我受益匪浅，拓展了研究思路。感谢北京林业大学李雄教授、赵鸣教授、董璁教授、尹豪教授、郭巍教授、张晋石老师、王思元老师、吴丹子老师的帮助。

感谢中国林业科学研究院李春义老师以及北京林业大学研究生庄伟杰、王子尧、吴宇轩在现场调研时的辛苦付出。感谢研究生庄伟杰、吴宇轩、杨志昊对于书中部分文字的整理。感谢研究生杨志昊、庄伟杰、吴宇轩、王子尧对于书中主要插图的重绘工作，绘图过程中我们经过了多次讨论，多次修改，他们付出了很多努力。

最后，本书的研究和出版得到中央高校基本科研业务专项资金（BLX2014-46）、北京市共建项目专项资助“城乡生态环境北京实验室”和北京林业大学建设世界一流学科和特色发展引导专项资金（2019XKJS0320）共同资助。感谢中国建筑工业出版社杜洁女士、兰丽婷女士为本书出版给予的支持和帮助。

李慧

2019年10月

审图号 GS（2020）226号

图书在版编目（CIP）数据

中国名山风景研究——武当山的山水·植物·建筑／李慧，王向荣著. —北京：中国建筑工业出版社，2019.12

ISBN 978-7-112-24508-6

Ⅰ. ① 中… Ⅱ. ① 李… ② 王… Ⅲ. ① 武当山-道教-宗教建筑-研究 Ⅳ. ① TU-098.3

中国版本图书馆CIP数据核字（2019）第283699号

责任编辑：杜　洁　兰丽婷
责任校对：王　瑞

中国名山风景研究
——武当山的山水·植物·建筑

李　慧　王向荣／著

*

中国建筑工业出版社出版、发行（北京海淀三里河路9号）
各地新华书店、建筑书店经销
北京锋尚制版有限公司制版
北京富诚彩色印刷有限公司印刷

*

开本：787×1092毫米　1/16　印张：13¾　字数：260千字
2019年12月第一版　2019年12月第一次印刷
定价：98.00元

ISBN 978-7-112-24508-6
（35126）